大是

在找到藍海之前，只有野草能幫你扎根市場

野草攻勢

以小欺大、蠶食市場，

野草模式經過億萬年考驗，
是最簡單的奪利與成長方式。

那斯達克創業中心專欄作家、
兩度獲行銷名人堂提名
史杜・海內克
（Stu Heinecke）──著
廖桓偉──譯

How to Grow Your Business Like a Weed

目錄

第2部 野草攻勢，強化你的應變、創新和執行力

第3部

八大策略，以小搏大

第4部 野草勝利方程式

推薦語

「玫瑰太禮貌、太保守、太脆弱，它沒有不平等優勢、沒有必要的心態，它們永遠無法辦到野草能辦到的事。」身為一位「非典型」的創業者，在完全沒有條件的情況下，加入了對手擁有大量資源的乳品業者戰場，因此看到這本書特別有感。

野草策略是指利用市場中的機會，以最小的成本和風險實現快速增長。這種策略可以**幫助新創公司、小型企業和非營利組織等**，**在競爭激烈的市場中生存和發展**。我們必須保有隨機應變的能力，因為在高度壟斷的乳品產業，像我們這樣的小公司如果沒有彈性，必定會陷入危機。

鮮乳坊透過募資發起了一場群眾運動，當時**透過非典型通路**，用鄉村包圍城

——鮮乳坊創辦人／龔建嘉

市的方式，**在全臺各地原本沒有賣牛奶的地方開始賣鮮乳**；包括書店、電影院、寵物美容店、補習班……。當時並沒有發現，不過我們確實就像野草一樣，開始把這些種子撒出去。

本書的內容也像一個一個的種子，裡面埋下了許多故事，讓人印象深刻。而這些種子，可能在任何時候，在你的生活當中悄悄發芽。

序

野草攻勢，擴大你與對手的差距

那斯達克創業中心總監／尼可拉．科爾辛（Nicola Corzine）

沒有其他事情能比春天到來更振奮人們的精神了。玫瑰盛開、花朵發芽、翠綠的草地生意盎然。當然，我們也會想起一年一度的野草入侵。

然而，創業家應該要從中學習，而不是只想到它們惱人的地方。**每年春天，我們都可以參加免費的高級企業策略與成長課程**，而且就在我們腳下。那些「有禮貌」的植物會舒適的待在花園內，但**野草會開始運行其凶猛的流程**，計畫下一次攻城掠地，並且為了「破壞」而生。

我很幸運能夠和數萬名創業家一起學習與工作，他們全都為世人啟發了新的願景和觀點。這些人利用創業家性格——頑強、毅力、堅持不懈、適應力——使自己茁壯，我們可以在許多偉大領導者身上看見這些特質。他們都是有創意的思想家，儘管挑戰從四面八方而來，他們仍勇往直前。

在兵家必爭的商場上，作者海內克以精湛手法找到了一個新的框架——**野草戰略（weed strategy）**，幫助創業家與組織領導者**驅動爆炸性且可持續的成長**。讀完本書，你會發現那些自己未曾善加利用的要素，它們能夠**擴大你與其他人的差異**，在有效率且目標明確的環境下，大幅拓展事業規模，而且不論內部或外部的利害關係人都可以獲益。

海內克花了超過十五年時間，觀察傑出創業家宛如野草一般的行為，並在這一刻利用框架將它們彙整在一起。身為創業家、投資人，以及那斯達克創業中心的領導者，我看見破壞性成長願景的真正潛力，而宛如野草一般的強硬心態可以使其成真。

不過，並不是只有天選之人才能創造破壞。我們在生活、社群與工作中，全都有機會成為破壞性領導者。藉由觀察野草，衡量能夠在這個世界觸發獨特成長的事物，你將能獲得前所未有的信心與觀點。

綜觀我的創業家生涯，始終存在兩個要素：**總是抱持好奇心、總是對新路線**

抱持開放的心態。

最偉大的創業家必定是最堅持不懈的破壞者。儘管他們一路上有許多遭遇失敗、放棄的理由，但他們還是不屈不撓。正是因為他們的願景帶有這種偏激的信念，才驅使他們往前進。

如此具成長性與潛力的框架，是所有人皆應必備的要素。無論你是剛開始創業，還是想要促使組織成長的中高階主管，本書都是「必要」的行動指南，為你的公司驅動新觀點、新構想與新成果，不分產業、舞臺或地理位置。

海內克在本書中描述的野草框架，卓越之處在於它是關於成長的「萬有理論」。身為創業家和業主，我們不斷被告誡的是：**如果想要成功，就必須樂觀、堅持不懈，並且具備侵略性、急迫性、適應力與韌性**。必須準備好轉舵、破壞市場；要培養出色的企業文化，創造屬於自己的類別；為了擴大規模而建構，並以敏捷與高EQ來行動……令人驚訝的是，野草框架將上述這一切都包含在內。

野草井然有序的構成一個存在數百萬年的工作流程，而這個流程能夠立刻適應任何挑戰。我們為什麼不試試這古老的智慧？野草已經向我們成功證明了這麼久！它們的完美之處，完全透過本書彰顯，而且方法很實際，能夠幫助你的事業像野草一樣成長。

今年春天，我的三歲兒子抓著兩株大蒲公英，一邊帶著燦爛的微笑，一邊大力對它們吹氣。我看見那些種子飄過我們的花園，跨過我們的籬笆。（抱歉啦，鄰居！）

在那一刻，他被野草的潛力與意想不到的美感迷住了。只要你讀過本書，應用海內克的策略框架，加速身為領導者的你以及事業的成長，你也會跟我兒子一樣，被這樣的奇蹟與啟發給轉變。

海內克完美的提醒我們，野草框架解鎖了「**嶄新的策略**、**心態**、**規模**，**進而增加戰術**、**不平等優勢與力量乘數**[1]。」這套方法可以幫助我們培養嶄新的組織模式，它以一個經過時間考驗的模型為基礎，而這個模型顯然運作得非常好。如果還需要證據，看看你家附近的公園就知道了。

綜觀歷史，成長會受到資源、運氣，以及天時地利的限制。唯有當我們明白自己也有潛力像野草一樣成長，才能踏入全新的世界，實現願景。只要向野草學習，所有人都可以獲得爆炸性成長。

請享受本書每個章節揭曉的新知。有機會的話，不妨去外頭走走，欣賞周遭野草的壯觀景象。看它們如何運用凶猛心態、完美流程與不平等優勢，來達成巨大的規模。然後想像你和你的事業也能做到同樣的事情。

1 編按：Force multipliers，軍事名詞，用以評估一個單位加上某非人力因素後，能獲得或減少的戰鬥力。

各界推薦

「野草雖然沒有大腦，不過它們是運作流程的天才。」

——戴爾．茲維津斯基（Dale Zwizinski），創業、銷售專家

「公司如果沒有制定『野草策略』的人，你就輸定了。」

——丹．瓦爾德施密特（Dan Waldschmidt），國際商業戰略家、作家

「野草策略就是大自然的SWOT分析。」

——道格拉斯．伯德特（Douglas Burdett），《行銷手冊》（*The Marketing Book*）Podcast 主持人

「當市場遭到破壞，野草就能殺出血路並成長茁壯。」

——艾絲特．戴森（Esther Dyson），初創公司天使投資人、記者

「野草不在乎別人怎麼想，我就是我。」

——喬瓦尼．馬爾西科（Giovanni Marsico），
大天使創業學院（Archangel）創辦人

「你以為野草被割掉時就消失了，但事情並沒有這麼簡單。」

——亨利克．菲斯克（Henrik Fisker），菲斯克汽車創辦人

「真希望我在院子裡種的蔬菜也能跟野草一樣茁壯成長。」

——安東尼奧．迪托馬索（Antonio DiTommaso），
野草生態學家，康乃爾大學教授

「野草的生物機制必定會令你驚奇。」

——克拉倫斯．史旺頓博士（Clarence Swanton），加拿大貴湖大學教授

「我喜歡雜亂而自然的花園。拘泥於形式就不會有創意。」

——卡門・梅迪納（Carmen Medina），前CIA情報站長、公部門創新專家、《職場反抗軍》（*Rebels at Work*）作者

「以軍人的角度來看，野草心態不可或缺。」

——退役四星上將巴利・麥卡夫瑞（Barry Mccaffrey）

「宛如野草一般的徹底決心，對領導者而言是極大的資產。」

——退役四星上將大衛・裴卓斯（David Petraeus）

「創業家本質上就是一株既堅定又果斷的野草。」

——布蘭登・李（Brandon Lee），連續創業家

「我們就像野草一樣，只要踏入被破壞的領域，就能拓展版圖。」

——舒莉・威爾（Cherie Ware），WE Trust 遺產管理服務共同創辦人

「我們必須像野草一樣繁殖，拓展多個收入來源。」

——赫伯特．朗（Herb "Flight Time" Lang），哈林籃球隊運動員

「野草知道只要散播足夠的種子，它們就能找到混凝土中的裂縫。」

——喬許．史坦麥爾（Josh Steimle），創業家

「你永遠不會只看到一株野草，它們都會成群結隊襲來。」

——凱特．史威特曼（Kate Sweetman），

前《哈佛商業評論》（*Harvard Business Review*）編輯

「野草擴大規模的速度比任何事業都快，因為這是它們的DNA。」

——凱西．愛爾蘭（Kathy Ireland），

凱西．愛爾蘭全球品牌行銷公司執行長

「時間就是土壤。我們的工作就是盡可能多撒一點種子在上面。」

——麥可．羅德里克（Michael Roderick），百老匯製作人

「種子不知道自己可能會失敗，因此它不會失敗。」

——麥克．帕蒂（Mike Patey），創業家、飛行員、飛行牛仔

「與其把刺藏起來，還不如把刺亮出來給大家看，這樣有效太多了。」

——奈森．梅爾沃德博士（Nathan Myhrvold），Intellectual Ventures 共同創辦人（這間公司是全球最惡名昭彰的「專利蟑螂」）

「關鍵在於你怎麼創造一整隊團結合作的野草。」

——尼克．勞瑞（Nick Lowery），NFL名人堂球員，演說家

「創業家富有好奇心，既自信又有破壞性。」

——尼可拉．科爾辛，那斯達克創業中心執行總監

「野草總是能找到出路。」

——羅伯特·威斯涅斯基（Robert Wisneski），天使投資人

「野草和創業精神是天作之合，他們在各自的領域都象徵進化的力量。」

——史杜·海內克

「野草只需要極少資源就能把事情做好，必須具有侵略性才能夠茁壯成長。」

——桑妮·賈爾絲博士（Sunnie Giles），《激進創新的新科學》（*The New Science of Radical Innovation*）作者

引言
最好的流程，要能反覆操作

蒲公英是一種草本野草，除了南極洲之外，到處都可以看到它。雖然具有侵略性，卻也是深受喜愛的營養來源。整株植物都可食用，可做成沙拉、茶、酒、染料，甚至還是麥根沙士的成分之一。蒲公英是多年生植物，每株生產一萬五千顆種子（相對來說算少），壽命為五到十年。

幾年前，我開車經過洛杉磯的聖塔莫尼卡（Santa Monica）高速公路，看見了一件改變我人生的事情：**一株蒲公英從混凝土的安全島中長出來。**那一刻，有無數思緒在我腦中打轉。**我想知道那株小植物是怎麼找到落腳之處，**讓它能夠在十二條交通繁忙的車道中間生根。那可是一整片混凝土，怎麼想都不可能辦到。但我們其實都知道它是怎麼辦到的。

蒲公英散播的方式是在空氣中釋放大量種子，刺探每個可能的機會，以占領新地盤。**蒲公英可以長在裂縫中，但玫瑰或矮牽牛就不行，它們太禮貌、太保守、太脆弱**。它們沒有不平等優勢；沒有必要的心態；永遠無法辦到野草能辦到的事情。

我開車經過時，心想自己是否可以實踐蒲公英的方法。我能否汲取它們的特點、戰術與手段，讓商業能夠像它們在大自然中一樣有效的執行流程？我能夠像它們一樣既傑出又大膽嗎？在那一刻，我知道自己上了一門非常重要的課——關於韌性、決心、樂觀。

要是這本書當初就存在，那該有多好。

如何像野草一樣成長

幾年前，我寫了《如何與任何人見到面》（*How to Get a Meeting with Anyone*），成為史上最暢銷的六十四本行銷書籍之一。它描述了各種大膽且有創意的方法，以及如何用它們來聯繫重要的潛在客戶。

這一切都是從我的一個小發現開始：當我替某人畫一幅專屬他的漫畫時（我也是《華爾街日報》〔*The Wall Street Journal*〕的漫畫家），幾乎能夠突破任何人的心防。

我用這種方法接觸到企業總裁、一位首相、名人，以及無數高層決策者。而且我發現，這其中有一種完全隱藏起來、宛如影子般的行銷形式。我在這本書中稱它為「聯繫行銷」（Contact Marketing）；二〇二二年，我也被美國市場行銷協會（American Marketing Association）封為「聯繫行銷之父」。

這本書啟發了全世界的人，改變他們接洽重要潛在客戶的方法。許多人靠著這本書，生涯一飛沖天，或是自己開始創業（有人在融資時募到了四千八百萬美元）。我不斷收到讀者的感謝信，他們說自己的銷售成果有了驚人改變，因為我幫助他們滿足了一個事業上的基本需求——如果你無法與別人見到面，就什麼事情都不會發生。

為了寫那本書，我訪問了許多具備頂尖銷售思維的領導者，並請教他們怎麼突破萬難，接觸到那些幾乎不可能接觸的人。他們的集體智慧，創造出了全新的行銷形式。

而本書的寫作過程也一樣。我訪談了領導者、專家與傑出人物、園丁、種子科學家與植物學家，而且都問了他們同一個基本問題：野草的生存模式對於事業成長策略，能否提供什麼重要見解？如果有的話是哪些？他們在本書中分享的智慧相當很驚人。

世界各地的野草也提供了極有價值的資訊。它們對於成長策略來說是非常強力的指南，並且教導我們許多事情。我相信本書會是另一本「真希望我更年輕時就讀到」的書。

流程必須能反覆操作，不是偶發

我的生涯始終都在幫助客戶成長。我曾替雜誌社增加訂閱人數，賺取更高的廣告收益；我打造的訂閱者活動，也以較低成本獲得了高回報。後來，我舉辦聯繫行銷活動，幫助各種單位突破其頂級潛在客戶的心防，大幅增加他們的見面率與銷售成果。

我知道我能幫助客戶發展業務，但直到寫這本書時，我才明白**其實自己貢獻**

的是一個簡單易懂的框架。我提高了雜誌訂閱人數，透過收益增加來提供企業成長動力；我也設計了一項活動，成為他們流程中可反覆執行的部分，使其收益不斷提高。協助他們成長訂閱人數，對於公司價值也有直接貢獻。這些事情全都顯著強化了企業的成長。

很多人的職業頭銜或社群媒體簡介都包含了「成長」（growth）這兩個字。他們有許多人都把產生收益當作成長，但**產生更多銷售額，其實只是在刺激成長而已**，並不能稱為一套完整的策略。**成長必須是可反覆操作的流程，而不是偶發的事件**。

這些專家當中，有些人自稱「造雨人」（rainmakers）。這還真是貼切的形容，因為下雨是偶發事件，而不是真的「植物生長機制」的一部分。種子是活的東西，裡頭包著營養物、生物材料以及DNA，它先天就有屬於自己的策略、特性和流程。如果沒有以上這些要素，雨水只會把東西淋溼而已，並不會讓任何東西成長。

因此我們需要一個框架，適用於成長的所有面向。幸運的是，野草已經給我們一個簡單好懂的模型，因為大家已經很熟悉它們了。

本書將「野草攻勢」分成四個部分。第一部向你介紹「野草的天性」。它們是大自然中最具破壞性的力量之一，對於園丁與農夫來說是持續不斷的惱人挑戰，但也是靈感與智慧的重要來源。如果要向野草學習，我們必須先了解它們是什麼，以及它們如何產生破壞。對於我們該怎麼將公司導向成長，這些都是寶貴的課題。

野草沒有大腦，但它們憑著凶猛心態大幅成長。它們很樂觀、不屈不撓、具侵略性、既急迫又有適應力和韌性。它們生來就是要贏的。第二部「野草心態」將會幫助你採用同樣的程序，在市場中獲勝。

野草成長框架來自第三部八大策略：「W.E.E.D.S.模型」。這八個層級的策略，使我們能夠創造壓倒性的市場意識與牽引力；防守地盤；減輕破壞時的風險；創造不平等優勢；借用別人的基礎建設促進成長；管理公司價值，並創造成長的正面條件。綜合起來，這個模型創造了密集的力量乘數，確保你的成長、拓展與優勢。

最後一部是「像野草一樣拓展」。如果野草會說話，它們應該會告誡人類，人們天生就有阻礙發展的傾向。因此我們會審視三個規模層級，適用於個體創業家、中小型企業、新創公司、上市大公司，以及加盟連鎖。

野草有一個簡單的勝利方程式，但它們的形式變化萬千。研究野草的獨創性、決心和表現方式，其實非常有趣。寫這本書最大的樂趣之一，就是得知每個章節開頭的野草有什麼「性格」。它們遵循同樣的公式，彼此卻相去甚遠。

我們熟悉的蒲公英可以活五到十年，生產一萬五千顆種子。糙果莧長得又快又猛，一株每年最多生產四百八十萬顆種子。有些野草的種子很適合遠行，一株植物的散布區域可能超過二十五萬平方英里。有些野草的根部可以延伸到道路、建築物與牆壁底下，然後可以從任何地方再發出新芽。它們甚至不需要種子。

野草比其他有禮貌的兄弟們都更有侵略性、更早發芽、更快成長，而且毫不留情的延長自己的生長季。它們絕不放棄，總是能適應挑戰，並且忠實執行流程，就像一隻銳不可擋的精良軍隊。**它們做任何事情都會利用自己先天的不平等優勢**。

它們的變化性與個體表現，非常類似人類的商場。我們會看到許多形式巧妙的解決方案，以及發展性破壞與創造性破壞，自然而然會從野草中得到靈感。每個人都希望自己的事業能像野草一樣成長，而本書會告訴你，它是怎麼辦到的。

當我為了寫這本書而探索野草的成長策略時，它已經影響了我自己的事業。我有了更多夥伴，以及更多收益來源。我已經將自己的專業服務化為產品，而銷售它們的通路，將我的收益來源與滲透力散布到整個市場，這是前所未有的。一切也才剛開始！

我只能告訴你，它真的有用。野草已經花了數百萬年，讓自己的生存模式變得完美，使它們能夠成長、拓展、支配與防守地盤。而這就是本書要提供給你的內容。

第 1 部

自然界中
最具力量的破壞

第一章

有縫就能活，有地就能長

金皮樹（*Dendrocnide moroides*）又稱「刺樹」，葉子是寬大的心形，覆蓋著細毛，作用就像會分泌毒液的針頭。只要皮膚稍微擦到葉子，就會產生劇烈刺痛，而且可能持續好幾個星期。這種樹生長於澳洲與印尼，高度可能長到100英尺（約30.48公尺）。

圖片來源：©皇家植物園受託人理事會，邱園。

野草到處都是。它們會生長在路邊、填滿荒廢的空地、打擾珍貴的草地與花園；還有各種縫隙、農田，以及其他植物無法扎根的地方。就連雨水槽、屋頂、牆壁，以及幾乎任何殘骸堆都有可能孕育它們發芽。基本上，所有人們不希望有野草的地方都會有它們的身影。

根據化石紀錄，開花植物是在一億四千五百萬年前首次出現於地球上。我們可以假設其中有些植物就是野草。事實上，我們應該假設這些植物中最成功的，就是現今的野草。

野草有著如此不屈不撓的精神與成長欲望，你一定很納悶：為什麼我們沒有將野草視為制定商業策略的參考資料？

要回答這個問題，就必須考量它們的天性。

野草其實只是讓人們覺得很礙事的植物。它們的「野草」身分，是人為的區別。**它們長在我們不希望它生長的地方，所以叫做野草**。喜愛花草的園丁通常會說它們是長錯地方的植物，但是誰能決定它們該長在哪裡？我們還是它們？

顯然野草根本無視人們的意見。它們用敏捷、決心與凶猛的堅持態度運作其流程，無論我們會做出什麼反應。

當我們看著任何植物，某種程度來說，其實很難感覺到它是「活的」。它們不會移動、不會思考、沒有感覺。但相關研究卻不這麼認為。在著作《樹的祕密生命》（*Das geheime Leben der Bäume*）中，植物學家彼得．渥雷本（Peter Wohlleben）說**植物真的會彼此溝通。透過相互連結的根部網路，以及釋放至空氣中的化學物質，樹木與植物不斷在對話**。

渥雷本在其中一段，提到一個直徑五英尺（一英尺約三〇．四八公分）的怪異石頭圈。經過更仔細調查，他發現這些石頭其實曾經圍著一顆活的樹木。它們是一棵巨大山毛櫸（beech tree）殘留下來的枯樹；這棵樹的樹幹直徑五英尺，曾經昂然挺立，後來被伐木工人砍下來。

令渥雷本驚訝的是，這棵樹的殘餘部分，被周圍的樹木餵養養分與水分。它們已經建立友情，並且試著保住老同志的命。

當植物遭到攻擊，它們**會散發費洛蒙警告其他植物**。有些植物會立刻啟動防禦機制。科學家在非洲疏林草原，注意到一群長頸鹿在吃一叢相思樹。幾分鐘內，樹木就將毒液注入它們的葉子中，立刻趕走了長頸鹿。它們的防禦機制還包括將一種費洛蒙釋放到空氣中，警告附近的樹，使它們也將自己的葉子充滿苦味的毒素。這些協調防禦機制只要幾分鐘就能發揮作用，所以長頸鹿只好另外找地方覓食。

既然野草已經進化了一億四千五百萬年，我們可以假設它們的進化過程非常緩慢，但再次強調，我們對於這些植物的概念可能被誤導了。有必要的話，它們是可以神速進化的。

有一種野草叫做糙果莧（water hemp），它是北美農地上最可怕的侵略者。短短四年內，它對嘉磷塞[1]以及市面上七五%的除草劑免疫。最糟的是，每株糙果莧最多可生產四百八十萬顆種子，確保它能永遠留在這片風景中。

當我們再想到商場上**每十間新創公司就有九間失敗**；靠創投起家的公司有**七五%沒有替投資人賺到錢，只有一%的新創公司達到「獨角獸」**[2]等級的規模時，**你會想要學習哪一種成長模型？**

關於如何使企業、專案、社群，甚至個人的股票成長，野草顯然有很多事情可以教我們。按照它們的方法，我們可以更有成效的使任何事物成長。

試想一下你家院子地上有什麼植物。更仔細觀察，你會發現周圍都是猛烈競爭的證據。這是一場為了地盤、生存與支配的戰鬥。它就像我們在競爭市占率和企業成長。商場上的每個人都想要創造規模，而野草很熟練的展現它們的做法給人類看。

野草是身經百戰的戰士，運用特定策略、勝利之道與強大手段來贏得戰鬥。它們是天擇之下的完美產物。

提出天擇說的查爾斯・達爾文（Charles Darwin）也注意到野草令人印象深刻的特質，可以作為快速進化的例子。理查・梅比（Richard Mabey）在他令人大開眼界的著作《野草：替大自然最不受喜愛的植物辯護》（*Weeds: In Defense of Nature's Most Unloved Plants*）中，述說野草的故事：它們影響文化、協助人們發展醫療、裝飾我們的花園，同時也過著狂野且邋遢的生活。

梅比描述了達爾文在倫敦市中心做的實驗：他將一塊二乘三英尺的土地清理乾淨，想看看有哪些植物會主動上門。想當然耳，野草來了，而且很快就占據了大片領土。

---

1 編按：除草劑成分，其產品名稱為「Roundup」，臺灣俗稱「年年春」。

2 編按：Unicorn，指成立不到十年，但估值已達十億美元以上，又未在股票市場上市的公司。

三百五十七株冒出來的幼苗，有兩百九十五株被昆蟲和鳥類摧毀，而達爾文把注意力聚焦於那六十二株倖存者。加拿大貴湖大學教授彼得．西克馬（Peter Sikkema）的種子生物學學生，也做過類似的實驗：他們在一平方公尺的土地上，發現八千株加拿大蓬（Canada fleabane）以及四萬顆糙果莧種子。野草的適應力很強，而且是全副武裝的競爭者。

英國植物學家愛德華．索爾茲伯里（Edward Salisbury）追隨達爾文的腳步，繼續研究野草令人印象深刻的天性。他在一次實驗中測試了各種隨風飄散的野草種子的飛行效率，從一個高十英尺的靜止空間將它們往下拋。

醉魚草（*Buddleja davidii*）有長尖翅的種子在兩秒內就碰到地面；歐洲千里光（*Senecio vulgaris*）的成群種子大約八秒後落地；而柳蘭（*Chamaenerion angustifolium*）花了整整一分鐘才停止飛行，它毫不費力的浮在半空中，再慢慢降落。**只要有點風，你想它們可以飛多遠、又會在哪裡落地？**

不難想像野草如何占領南極洲以外的每個大洲。它們的**種子具有高機動性，並且以難以想像的龐大數量散布**，飛行很長的距離、刺探每個可能的機會，在任何地方扎根。一旦播種之後，它們強烈的決心、韌性與出色的支配策略，就能確保成長不受阻礙。

難怪我們會發現它們生長在不太可能出現的地方。野草非常會占領地盤，而我們的事業也應該如此。

野草攻勢

- 野草的價值，就在於它隨處可見。
- 它們已經存在於地球一億四千五百萬年。
- 「野草」只是人類的狹隘概念；它們是我們認為不方便或具有侵略性的植物。
- 植物透過散布到空氣與地面的費洛蒙來彼此溝通，並保護自己。
- 野草的適應力特別強，能夠生存、競爭，以及爆炸性的擴張領土。
- 野草非常會占領地盤，而我們的事業也應該如此。

第二章

獨角獸等級的成長策略

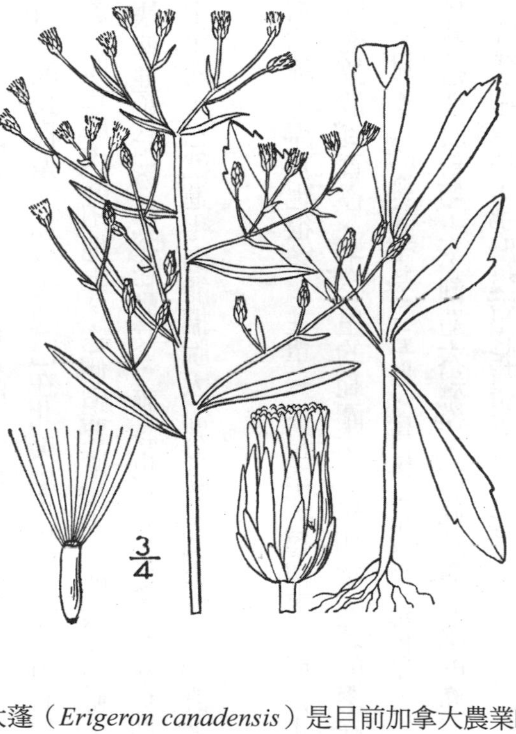

加拿大蓬（*Erigeron canadensis*）是目前加拿大農業的重大災難，被視為世界上最糟糕的雜草之一。每株能生產 24 萬顆種子，種子可飛行 300 英里。

圖片來源：©皇家植物園受託人理事會，邱園。

每個人都希望自己的事業能像野草一樣成長。我相信大家都知道這是什麼意思。所以我們為什麼還要用其他比喻，來理解它們強大的成長策略（像是飛輪、平衡計分卡[1]、藍海）？為什麼不直接跟成長大師本人學習？

首先來比較各自的成長模型。加拿大蓬已在北美爆炸性生長。所有植物都會面對其他植物的競爭，而在農夫的田地上，它們還要應付人類的致命攻擊。

就連被野草的快速進化給迷住的達爾文，應該也會對加拿大蓬近期的「轉舵」印象深刻吧。十年內，它就進化到能擺脫大部分除草劑影響，讓許多農夫束手無策。

然而，這種植物的種子產量也很多。在單一生長季，每株可生產二十四萬顆種子，每顆種子都能夠擴散到直徑一千公里的範圍。一株加拿大蓬的潛在播種面積，連在外太空都能看見。它的發芽率為二五%，每株可生產六萬株。

所有野草的目標都是征服新領土、創造大規模，因此加拿大蓬的產量令人印象深刻。如果它是一間新創公司，那麼投資它肯定會賺大錢。

正如先前所提，新創公司的統計數字就沒這麼好看了。每十間倒九間，每一百間只有一間達到獨角獸等級的規模。根據新創公司資訊網站「Failory」的資料，有四〇%的投資人賠光了初次投資的資金。更糟的是，七五%靠創投起家的新創公司，從來沒有為投資人賺到錢。

但假如新創公司的成績能像野草繁殖率一樣，那麼數據指標看起來會如何？假如它們表現得像加拿大蓬，發芽率為二五%，那麼這種「野草」已經比新創公司的標準還要成功二五〇%。**假如每顆種子都是一間新創公司**，每一百間有一間達到獨角獸等級，**那麼光是一個來源就能生出兩千四百間爆紅新公司，像是Uber、Airbnb、Zoom。**

但這樣顯然有點離譜。種子不是新創公

▲單個加拿大蓬的種子可以產生多達 6 萬株種子，擴散範圍為直徑 1,000 公里 —— 光是一株植物的播種面積，在外太空就能看見。

1編按：Balanced scorecard，簡稱ＢＳＣ。一項用於策略績效的管理工具，協助經理人追蹤員工執行成果。

司，發芽率也不能轉換成創業成功率。不過野草的成長規模，顯然遠勝我們在商場的發展。所以當某人能在商場表現得像野草一樣，那會是什麼樣子？

收購成功拿油田，收購失敗賺大錢！

梅薩石油公司（Mesa Petroleum）創辦人湯瑪斯．布恩．皮肯斯（T. Boone Pickens）是商業史上的知名人物。皮肯斯是宏觀的思想家與大師級策略家，他改變了股東的權利與價值，以及既猛烈又宛如雜草叢生的惡意收購領域。

從野草的觀點來看，皮肯斯的終極天賦就是能夠看見市場上的巨大潛力，並且做出大膽行動。這些舉動讓他能夠瞄準比自己大數百倍的公司，最後壟斷整個市場。

這種心態是從小養成的。皮肯斯十二歲時，就包下奧克拉荷馬州鄉下老家最短的送報路線。他一天只有二十八份報紙要送，利潤是每天每份報紙一分錢。但他找到方法，在利潤微薄的初期茁壯成長，而當其他路線開放時，他也拿下那些工作。這是他在收購領域的首次經驗，也是他第一次像野草一樣思考。

皮肯斯在大學獲得地質學學位後，就直接進美國菲利普斯石油公司（Phillips Petroleum）；替一間又大又官僚、擁有兩萬名員工的公司工作，步調很慢、浪費才能，而且枯燥乏味。皮肯斯很快就知道自己對於人生的企圖心是在別處。於是他創立了第一間公司「石油探索」（Petroleum Exploration），後來成為梅薩石油公司——它就是石油業的加拿大蓬。

起初他專心研究當時所有石油公司的做法：探索尚未開發的石油和天然氣，藉此累積儲備量。但能夠洞悉未來的皮肯斯，腦中很快就有極為不同的成長策略。有天他在淋浴時突然想到：與其自己探索新的石油，**為什麼不乾脆收購其他石油公司，藉此獲得那些已開發的油田？**

皮肯斯於是迅速策劃流程，找出那些股價被低估（相對於儲備實際價值）的公司。他的第一個目標是雨果頓生產公司（Hugoton Production Company），市值是他的二十八倍大。然而皮肯斯想起一位朋友的話：「做大生意與做小生意，花的時間是一樣的。」於是他接洽雨果頓的執行長，結果被狠狠拒絕。

剛嘗到失敗的他，在淋浴時又靈機一動：**假如他們不同意合併，何不強行收購這家公司？**這種想法在當時非常激進。公司合併很常見，但通常都是在雙方同意的情況下；不過皮肯斯可不打算徵求他人允許——他會強行收購雨果頓，以及其他幾間世界上最大的石油公司。

每次出擊，他都會夥同投資人購買大量股票。目標公司的主管發現之後便會採取防禦措施，但皮肯斯會藉由突襲占到先機。雨果頓是第一間被攻陷的，但後來有許多目標，包括城市服務（Cities Service）、海灣石油（Gulf Oil）、優尼科石油公司（Unocal）、老東家菲利普斯石油，都逃離了他的魔掌。

不過還是發生了一件很奇妙的事。皮肯斯策略的前提是「目標公司的股價相對於資產被嚴重低估」，也就是股東被虧待了；每次他採取收購行動，股價都會飆到新高，但其實這只是修正成它們真正的價值而已。所以每次皮肯斯攻下城池，股東們都很開心，因為他們也一起賺了大錢。

就算收購公司失敗，他積極購入股票也會使股價大漲，賺取豐厚利潤。**他不需要收購新的石油儲備，甚至也不必收購公司本身。光是收購的過程就能賺到數億美元！**

石油巨頭們看到皮肯斯大權在握，心裡一定想著：「天啊，這傢伙簡直就像野草一樣難纏。」他們是對的。皮肯斯用了許多野草的策略、特性與手段來突破障礙、擊垮競爭者，並且破壞領域現況。他完全是一株野草。

名氣，就是我的壓倒性優勢

超級模特兒、慈善家、身價數百萬美元的品牌化創業家凱西．愛爾蘭曾說道：「我總是覺得自己像野草一樣。」

凱西在充滿創業精神的家庭環境中長大。她的母親總在兼差貼補家用，影響了小時候的凱西。她在四歲時就開創了第一個事業，賣彩繪石頭給鄰居和路人。她的崛起也跟運氣有很大的關係，就像野草的種子，**風把它們吹到哪裡去，它們就在那裡茁壯生長**。她在青少年時期就被星探發掘成為模特兒，而且很快就當上《運動畫刊》（*Sports Illustrated*，美國體育週刊，擁有超過三百萬訂戶）最有名的泳裝版封面女郎。雖然這份職涯是個意外的開始，但很快就開花結果，讓她坐擁超級模特兒的明星地位。

然而後來，她說自己變成一個「上了年紀又懷孕的模特兒」，因此她知道自己必須改造凱西．愛爾蘭這個品牌。她再度以野草為靈感：「它們可能被低估，但其實既強悍又有韌性。野草擴大規模的速度比任何事業都快，因為這就是它們的DNA。」

那一天，凱西．愛爾蘭全球公司（kathy ireland Worldwide，簡稱KIWW）從她家廚房的桌上萌芽，凱西身旁都是值得信賴的顧問。他們的概念是借用凱西的名號和外型，建立服裝與居家用品的新品牌。

「這不只是回歸基礎，而是挖掘像野草一般的根基。」她非常清楚「像野草一樣成長」能帶來的益處，並利用這個方法發展自己的事業。凱西品牌的第一件商品只是一雙普通的襪子，她將這些產品賣給中階百貨公司。這時她的種子已經撒下，並且正在成長。隨後又發展出更多產品與夥伴關係，最後成為一個由品牌商品和備受矚目的夥伴關係所組成的全球網絡。

凱西的成長策略很精準。她與團隊意識到：**自己的模特兒名氣，是她創業的壓倒性優勢**。當你繼續閱讀這本書就會發現——她的名氣是種子策略（見第十一章）：以她的名字、外型與品牌，在市場創造龐大意識；葉叢策略（見第十五章）：將名氣和極為正面的個人品牌，轉換成市場中的不平等優勢；以及生根策略（見第十七章）：強勢品牌的經濟規模與行銷，增加了企業價值。

將自己改造成品牌巨頭，還真是傑出的一手！凱西藉由永續擴展的零售通路，讓商品種類可以無限擴充，進而拓寬她的平臺；這也讓她脫離模特兒時期的「一比一槓桿」（見第十九章），達到巨大的「集體規模」。

除了是一位超成功的創業家和品牌專家，凱西對於慈善事業也同樣投入。她知道社群的活力至關重要，值得努力。她與聯合國青年計畫（U.N. Youth Program）合作，處理飢餓、疾病、人口販賣和氣候等議題，並且支援軍眷、直接指導小型事業擴大規模。這一切結合起來，在世界上創造出一個極其正面的形象。當你讀完這本書時，就會發現這是 W.E.E.D.S. 模型中土壤策略（見第十八章）的重要部分，它能培養出最佳的條件，讓你的企業內部與外部皆成長。

凱西也完全是一株野草。一株美麗又善良的強大野草，內心深處抱持著遠大志向。

創業精神的核心：願景、吸引力、好奇心

像野草一樣成長，正是創業精神的核心。那斯達克創業中心執行總監科爾辛

談到，大多數創投團體都是用樹木命名，但他們的成長方式其實更像野草：「野草很好鬥，它們表露的解決方案都很有破壞性。」

科爾辛認為**新創公司是商場上的進化力量**：「創業家富有好奇心，既自信又有破壞性。他們就是野草。」她認為**創業家需要三個特質才能成功：願景、吸引力，以及無止盡的好奇心**。他們必須有一個能說服別人的願景，但也要有無法量化的能力，將不可能吸引到的人吸引到他們身邊。正如天使投資人羅伯特．威斯涅斯基所說的：「野草總是能找到出路。」

野草隨處可見，而我希望你開始以新的眼光來觀察它們，將它們視為源源不絕的靈感來源，啟發你的創業夢想。美國思想家愛默生（Ralph Waldo Emerson）曾說：「野草的美德還沒人發現。」或許我們已經發現它們的祕密，並把它視為有成效的成長模型，讓我們能像野草一樣成長。

下次當你遇到野草時，試著用與之前不同的眼光看待它們。請觀察它們怎麼爭奪地盤、與其他植物競爭、如何以集體規模來支配一切。野草正在向你展示，如何在你自己的領域中也達到同樣成就。

野草攻勢

- 事業成長策略的比喻（飛輪、藍海），反而讓我們忽略了最簡單的事。
- 在本書中，我們將會審視那些讓野草成長的直接因素。
- 相較於新創公司的成功率和平均投資報酬率，野草的成績比大多數事業都還要成功。
- 野草和創業精神是天作之合；它們在各自的領域都是進化的力量。
- 觀察周圍的野草，就能更加領會它們教我們的事情，包括競爭、獲勝與擴大規模。

第三章

誰最像野草？亞馬遜

香附子（*Cyperus rotundus*）被形容為「世界上最糟糕的野草」，它能迅速散布一叢地下塊莖和根部，因此人們幾乎不可能根除它。這種植物生長得很快，但當它感覺到惡劣條件時會休眠，使它能夠在高溫、火焰、水災與旱災下生存。

圖片來源：©皇家植物園受託人理事會，邱園。

野草沒有大腦，但是它們有一個磨練了數百萬年的流程，灌輸在DNA之中，因此它們天生就具有粗暴的侵略性和急迫性。它們不必受訓，也不必做決策。它們只會帶著強大力量一起行動。

另一方面，人們有大腦和自由意志。我們可以想做什麼就做什麼。這使人類具有好奇心並善於創新，但也需要強大的紀律。野草可以非常順暢、自動的做它們想做的事（生長、侵略、擴張），而我們必須先思考再做。

野草沒有大腦，但它們可以教導我們很多事情，而我的角色就是充當你的翻譯。關於如何像野草一樣成長，以下是它們想讓我們知道的十件事。

一、隨機應變，別再想了！

因為自由，所以有權力想像尚未存在的事物。這可能會出現創新，但也可能造成錯誤的期待和權利。

那年我在高速公路看到長在混凝土裂縫裡的蒲公英，它被困在十二線道的呼嘯車陣之中，但我相信它肯定不會自怨自艾。它不會想著：「唉，真希望我住在海灘，而不是這裡！」**它就這麼扎根並自動運作與生俱來的流程。它接受現實，接著適應並茁壯成長**。它懂得隨機應變。

我們對於自己的事業也該這麼做。如果想要像野草一樣成長，就必須很清楚了解現實，而不是想著「我們應該……我希望……」。野草告訴我們：「別再想了！面對你不想面對的事情，並且正視挑戰吧。」

高階主管教練安格斯．尼爾森（Angus Nelson）曾建議客戶，發展「自我教練」心態：「錯誤的期待會使人失望。」他勸告事業領導者誠實評估他們面對的情況，並以此為基礎，聚焦於他們現在能達成的事情。

二、把自己化為整株野草

稍後本書會向你介紹野草心態、W.E.E.D.S. 模型，以及像野草一樣擴大規模。這些是野草策略的三隻腳，就像穩固的三腳架，只要一隻腳不見了或不夠力，就會倒下來。

把自己化為整株野草，意思是用野草心態生活、執行 W.E.E.D.S. 模型，以及建立集體規模。

這可不是一件簡單的事。例如W.E.E.D.S. 模型就包含了八個策略。

「種子策略」類似於任何能夠使人產生想法與意圖的事物，使他們願意用某種方式跟你做生意。

「種莢[1]策略」則與這些努力的乘數有關。

「帶刺策略」和「分割策略」則是防禦手段，捍衛你的企業免受外來者和災難侵害。

「葉叢策略」培養勝過競爭者的不平等優勢。

「藤蔓策略」透過聯盟支配資源管道。

「生根策略」組織並加強企業價值、財富與資產的管理方式。

「土壤策略」主動打造最健康、最有利的成長環境。

若想達到爆炸性成長，這八個層面都必須執行。我們會很自然的投入自己最擅長的事情。**如果想要同樣專注在我們不懂或做不好的事情，就需要紀律。**然而野草不在乎你擅不擅長。它告訴我們要完全運作這八個層級，無論是你自己，還是你的團隊。

三、流程是刺激成長的養分

流程是一種機制，專業知識就從這裡產生，並在企業內共享。它讓組織整齊劃一，成為市場中統一且可怕的力量。

在組織中，流程藉由文件或訓練形式傳達，因此令人覺得它是一套官僚、死板、不可變動的規矩，讓我們從本能上想排斥。

但野草說，我們必須**把流程視為一種動態且充滿活力的東西**，讓事物持續以快速的步調進展，同時迅速適應機會與挑戰。還記得加拿大蓬和糙果莧嗎？就算它們已經存在了數百萬年，但過去十年內它們仍在進化——對除草劑發展出強大免疫力。如今這種免疫力就是它們流程和進化的一部分。

野草想讓我們知道，流程就是**刺激規模成長的養分**。它讓我們以專家的方式發展事務，在必要時形成統一的實體，快速進化。流程絕對是關鍵資產，能有效

1編按：莢果在成熟之後會沿腹縫線和背縫線開裂（成熟後分裂成兩片），將種子崩散，增加發芽機會。

增加企業價值。

四、動作要比你的競爭者快十倍

當你看見野草在地上扎根，它似乎是固定不動的，就好像什麼事都沒發生。但過了一週之後，你會突然發現野草已經長滿了整個草坪。

野草的遷移方式跟人類不同；它們不會先收好東西再前往別處，它們既急迫又有侵略性的執行流程，形成其遷移方式。蒲公英從開花到完全播種只要一週，而且它每週都這麼做。蒲公英就藉由這種方式，在地上迅速繁殖。同時，「彬彬有禮的植物」則需要一整季才能開花結果。

所以野草說：「用勝過競爭者十倍的速度和積極度，運作你的流程。率先抵達目的地，然後繼續這麼做。只要這樣你就會贏。」

有趣的是，野草向我們展示**該怎麼快速動作**，**卻又能夠神不知**，**鬼不覺**。在它們的劇本中，勝利是源自盡可能既急迫又積極的運作流程。野草會告訴你，如何動作比你的競爭者快十倍，但從表面看來，就好像只是在做平常的事情而已。

五、但也要花時間重新調整、替自己充電

執行流程也需要找時間休息和評估。野草每晚都在運作，但也會在秋冬兩季喘口氣。顯然它們的休息時間和行動時間一樣重要。

問題在於，你也有這麼做嗎？

我們的作息跟植物不一樣。我不是建議大家每次休息半年來充電。但野草絕對有告訴我們，**要將休息列為更優先的事項**。它們說，休假對工作成效絕對有加乘效果！

大天使創業學院創辦人喬瓦尼．馬爾西科也非常同意這個說法：「以前我覺得不工作就沒有生產力。但後來我發現照顧自己、玩樂和休假也一樣有價值，因為我的電池也需要充電。」精神科護理師索尼婭．魯德林格（Sonya Ruedlinger）也說道：「只要你作息規律，吃健康的食物、每天睡八到十小時、做運動，就能明顯強化你的心理健康。聽起來很理所當然，但效果非常驚人。」

稍微休息一下，也讓你有機會審視成果並做出調整。野草告訴我們，一直往

前衛不但無法持久，還會錯失寶貴的新機會，以及修正錯誤的契機。

六、壓倒性的堅持不懈

我家後院有一片二十乘四十英尺的喜馬拉雅黑莓。它是上一任屋主種的，等到我們搬來時，它已經長得到處都是，我們也想盡辦法要除掉它。

黑莓是很有侵略性的野草，覆蓋著太平洋西北部島嶼。它們帶刺的藤蔓在二十四小時之內可以生長兩英尺，在空中形成巨大的圓環，而當它們的圓弧一碰到地面，就會出現新的根系統。想擺脫它們並不容易。

我們採取的第一個方法是雇用清潔團隊以及一臺推土機——所有植物都被拔得一乾二淨，留下一片光禿禿的土地。不過一個月內，它們已經用一英尺高的新芽占領了整塊地。我們剪掉所有新芽，再對著殘餘部分噴撒除草劑。但它們又重新長出來。接下來我拿出十字鎬，把大小跟硬度都跟石頭一樣的塊莖，一個接一個挖掉。

如今我們已經交手了好幾回，想當然耳，它們總是會捲土重來。相信大家都知道「堅持不懈能在商場上打勝仗」這句話。銷售經常被形容成「堅持不懈」與「堅決抵抗」之間的戰爭。野草告訴我們必須更堅持不懈千百倍。它們就像軍隊裡的教育班長一樣大吼：「壓倒性的堅持不懈，才能壓倒性的獲勝！」

七、壓倒性的勝利

堅持不懈，就是不斷擊退威脅與障礙，不計代價的留在戰場上。這是一種人生之道、一種作業模式。而野草知道，獲勝比永不止息的鬥爭更好。

《孫子兵法》寫道：「夫兵久而國利者，未之有也。故兵貴勝，不貴久。」（作戰最重要、最有利的是速勝，最不宜的是曠日持久。）他的思維肯定像野草一樣。

如果堅持不懈是獲得戰鬥優勢的方式，那麼**勝利就是讓你活在優勢之中，不再需要戰鬥**。這是更有效率的資源運用，野草完全了解這一點。一旦對手被完全打敗過，它們光是感受到威脅就會輕易撤退了。

壓倒性勝利是 W.E.E.D.S. 模型的一部分，本書第十三章「帶刺策略」會談到。只要刺中侵入者一次，就能永遠嚇跑它們。**「刺中對方」和「讓對方看到刺」的效果是一樣的**，但後者對植物來說更加省力、風險也更低。勝利意味著你不必耗費心力去堅持不懈。野草說：「獲勝吧，而且要壓倒性的獲勝。」

八、找到並根除所有一比一槓桿

身為人類，我們通常被訓練成以一比一的規模來作業。正職工作就是局限於一比一的規模。你沒有迅速擴張的機會，因為無論產出多少收益，都跟有限的行動直接相關。**你一天只能花這麼多小時、做這麼多工作。**

正職、零工、自由接案、當顧問，任何要求你直接且持續涉及雇主或客戶的事情，都局限於一比一槓桿。任何無法銷售給潛在買主的事業活動，都是以一比一槓桿作業的。

如果你要向上司報告，就是一比一。如果親自銷售所有商品，就是一比一。如果必須一直親自照顧客戶，就是一比一。財務顧問會告訴你，**你所擁有的只是一份工作，而不是一個事業，無法擴大規模。**

野草知道**擴大規模的祕訣，在於團結起來執行可複製的流程**。它們同心協力，讓影響力大了好幾倍。野草從來不會單獨在大自然中出現。它們一直都是一起迅速擴張的群體。草坪上的一株蒲公英很容易消滅，但上千株蒲公英就是壓倒性、動作迅速、所向無敵的力量。

擺脫一比一槓桿的束縛，對人們而言是不自然的，因為這麼做違反直覺，很像我們投資股票時得到的建議「買低賣高」。「買低」是要我們在市場低迷時投資，而「賣高」意味著我們要捨棄績效好的股票。

找到並根除事業中所有形式的一比一槓桿，同樣是要求你採取不太自然的行動。不過，野草不會浪費時間在無法擴大規模的活動上。你也應該如此。

九、建構多通路規模的來源

若想擺脫一比一槓桿，就需要**開放新的生產力來源**。在 W.E.E.D.S. 模型中，藤蔓策略複製了野草的做法：借用別人的基礎建設，獲得關鍵資源的支配地位。若要建構多通路規模，就必須建立夥伴關係和聯盟。

多通路槓桿就像團結起來擴大規模的蒲公英，引導我們形成聯盟，讓性質互補的事業可以轉介生意給你。**他們會提供管道讓你打進新的市場、接觸到更多顧客，**但他們這麼做，是因為你的產品與服務，也滿足了他們的客戶需求。

如果你的商品都自己賣，你就是單打獨鬥。如果你跟一個夥伴網絡團結起來拓展銷售，你就已經進展到多通路規模。

但切記不要過得太舒服，因為野草說，這應該只是暫時的成長方向。真正的槓桿作用來自你自己的集體規模。

十、集體規模是終極目標

有人曾經把品牌形象定義為「你不在場時大家怎麼談論你」。如果這是真的，那麼集體規模就是當你沒在場影響人們的行動時，他們如何與你的公司互動（以及彼此互動）。

身為作家，我不斷看到它發揮作用。當網站上跳出貼文討論我的書、或者（更棒的是）推薦我的書給別人，銷量就會提高。不過請注意，我並沒有參與這個過程。書是我寫的沒錯，但它已經不只是一本書，它形成了集體規模。市場中的人們推動了這本書的銷量，而不是我推動的。

當你達到**集體規模**，你就不必在浪費資源在需求離譜、精打細算又不掏錢的奧客身上。你會有**一大群會員**、**學生**、**訂閱者與使用者**。你的銷售力會隨著聯盟網絡散播出去，而你的銷售額會透過入口網頁自動且大規模產生。

亞馬遜（Amazon）就是一個活生生的集體規模例子。他們能夠觸及到全球的每個角落。任何我們能想像得到的東西，他們都有賣。一個遍及全球的線上事業市場，就包含在這個平臺中。

他們的銷售主要來自具優勢的搜尋結果排名、巨大的聯盟網絡，以及直接輸入的流量。所有人都知道亞馬遜，而且它的使用門檻也非常低——只要在瀏覽器輸入亞馬遜、尋找我們需要的東西，兩天之後就會出現在家門口。

亞馬遜也是怪物級規模的創新者。他們首創聯盟網絡、一鍵結帳，以及即時貨態更新；它們的 Kindle 平板是第一部電子書閱讀器，單一裝置就能夠收錄整棟圖書館的書籍；智慧型助理 Alexa 結合了AI、語音辨識與自動化……。不久之後，它們就會藉由無人機，在接單後三十分鐘內將包裹送達任何地區。

目前沒有人能夠與亞馬遜的集體規模（以及驅動它的力量）競爭——這也讓它們真的很像野草。

野草攻勢

- 流程是一種機制，它會將專業知識記錄下來，並應用於整個組織。
- 野草也運用流程來強化其物種，並且以集體規模果斷行動。
- 流程必須非常適應客觀環境的挑戰和變化。
- 假如你親自扛起事業的所有職責，或事業沒有你就不能運作，你就是以一比一槓桿來作業。
- 要找到並根除一比一槓桿，且立刻用多通路規模取代它。
- 終極目標是達到集體規模，進而無限成長。

第四章

不只搞破壞，還有改造自己的能耐

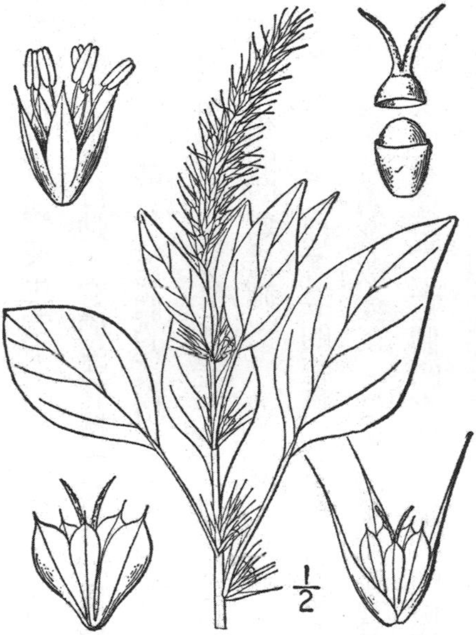

長芒莧（*Amaranthus palmeri*）是非常有侵略性的野草，目前正在破壞美國南方與中西部的農業。它能夠迅速入侵農作物，而且每株可生產 25 萬至 50 萬顆種子，在整個生長季都會發芽。這種野草也對農業用除草劑迅速發展出免疫力。

圖片來源：©皇家植物園受託人理事會，邱園。

野草是大自然的終極破壞力。你可能會反駁說，火山、颶風、龍捲風、水災與旱災造成的傷害更大。火山偶爾會以核彈級的威力爆發；颶風會摧毀整個海岸線；龍捲風會像圓鋸一樣撕碎社區；水災與旱災會毀掉大片土地。但這些災害並**沒有策略或流程可言**。天災是隨機發生的。它們並沒有影響到地球上的所有陸地、或刻意採取堅持不懈的侵略行動。**它們沒有擴大規模的使命**。

然而，這些要素野草全部都有。它們的策略和流程，使其能夠破壞並征服六大洲，儘管我們使出渾身解數，仍然無法趕走它們。甚至可以說，野草反而變得更可怕，因為它們攻破了人類的防禦措施。

當然，在商場上，破壞性是一種著名的特質。Uber、Airbnb 和 Zoom 這類公司出現之後，我們的生活型態就跟著改變了。**這些企業教會我們用新方法做熟悉的事情**，而舊公司突然發現市場擺脫了它們的掌控。這樣的破壞者，過沒多久自己也會被更新的科技給破壞，但商場的生態就是如此狂暴與雜草叢生。

野草的生活也極度不穩定，它們每束纖維都具有破壞性。就跟我們一樣，破壞性是它們的寶貴特質、生活方式，以及成長、拓展、支配策略的必要部分。差別在於，它們似乎**有一個用來造成破壞的模型**，而我們則是靠運氣和發現。

菜鳥工程師發明了數位攝影，柯達卻忙著生產底片

這種創造性破壞的概念（捨棄舊的創新，為新的創新留下空間），是由經濟學家約瑟夫．熊彼得（Joseph Schumpeter，一八八三年—一九五〇年）、甚至卡爾．馬克思（Karl Marx 一八一八年—一八八三年）率先提出，但「事業破壞」的現代觀點，源自創新力大師克雷頓．克里斯汀生（Clayton Christensen）的革命性書籍《創新的兩難》（*The Innovator's Dilemma*）。

他在本書中描述一些公司，本來在其領域是無庸置疑的龍頭，卻因為破壞性的新科技而慘遭擊潰。雖然現在很難想像，但西爾斯百貨（Sears）本來是零售業的世界龍頭，引領許多創新，像是供應鏈管理、自有品牌、目錄行銷，以及信用卡行銷。

這間公司曾經掌握全美國二％的零售銷售額，卻被折扣商店、電子商務與其他創新給破壞。看看現在誰是龍頭——從車庫創業的後起之秀，亞馬遜。還有許多當過市場龍頭的公司，它們的管理實務都曾經既嶄新又優秀，卻遭到破壞性科

技的偷襲。

伊士曼柯達（Eastman Kodak）被數位攝影打垮；百視達（Blockbuster）敗給了線上串流；雅虎（Yahoo）被谷歌（Google）無情取代；計程車與租車業被共乘交通工具痛擊；旅館業則被短期租屋攻占。

根據克里斯汀生的觀察，那些著名的管理實務雖然將這些公司推到頂點，卻也讓它們無法利用下一波創新獲利。**它們的流程是為了維持現狀，並不是為了創新和破壞。事實上，那些市場龍頭幾乎不可能突破，因為改變需要採取違反直覺的行動。**

破壞性科技剛出現時，現有客戶覺得自己並不需要這些服務，它們帶來的利潤不多，而且目標市場一開始也太小。這對於市場龍頭完全沒有吸引力，就算有，管理階層還需要經過一連串的度量指標與預估才能採取行動，但是新科技根本沒有指標、也無法預估。

柯達曾經是主導相機底片的製造商，後來數位攝影破壞了底片市場，接著數位相機被智慧型手機的內建相機給顛覆。諷刺的是，**數位攝影是在一九七五年，由一位伊士曼柯達的菜鳥工程師發明出來的。破壞性科技就擺在眼前，但它們視**

而不見。

克里斯汀生提出的解決之道，是**市場龍頭要分拆出新的公司，將格格不入的新科技商業化。**這是個好方法，但它跟野草的破壞模型比起來如何？

現在我們來看看農田上三種最具破壞性的野草：糙果莧、加拿大蓬、長芒莧。這三個物種會侵襲棉花、玉米和大豆等農作物；它們最厲害的破壞武器就是大量的種子，以及神速進化的除草劑防禦力。

每株加拿大蓬會生產約二十四萬顆高機動性種子，它們可以朝四面八方飛行三百英里以上。長芒莧會生產二十五萬至五十萬顆種子，它們集中於母株所在的區域。糙果莧比前述兩種野草還厲害，每株最多可生產四百八十萬顆種子，而且也是散布於鄰近地區。

這三種野草的最優先事項都是生產大量種子，但它們的策略各有千秋。加拿大蓬能夠散播到很遠的地方，它強調的是占領大片領土；糙果莧和長芒莧剛好與之相反，它們的策略是強化周遭地區的掌控權。只要在每平方英尺撒下數百萬顆種子，這些植物就永遠趕不走了。

這三株植物反覆且具侵略性的運作它們的發芽流程，而且是整個生長季都在發芽（其他農作物每季才發一次芽）。這種大膽的攻擊，使它們能夠搶先生長，並且獨占陽光和水分等關鍵資源，藉此輕鬆勝過一般農作物。野草藉由散布數百萬顆種子來破壞田地。每顆種子是分散的相同單位，它們刺探機會，並且占領新的地盤。

克里斯汀生的模型建議：「為了破壞市場，我們必須發明能夠改變一切的事物。」野草則說：「別把破壞的概念搞得太複雜。」當它們釋放種子時，並沒有創新種子本身或它們做的事情。它們並沒有典範轉移、它們只是種子，大量且廣泛的散布，積極運作它們與生俱來的流程。

帶有攻擊性的行銷，才能成長

野草告訴我們，不是只有發明飛天車才有機會破壞市場。**它們的創新之處就是「簡單」加上「壓倒性的數量」**。

或許克里斯汀生與其他人的作品，以及矽谷知名「獨角獸」的成功案例，反而限制了我們的思考。具破壞性的種子不必這麼複雜。機智、大膽與決心，也能夠與資金雄厚、舉世無雙的新科技競爭。

《韋伯字典》（*Merriam-Webster Dictionary*）[1]將「破壞」（disruption）定義為：「打破或打斷正常的路線、連續的活動或流程。」按照這個定義，**幾乎任何東西都能產生破壞**。

如果不是飛天車，那麼更簡單的破壞（正如野草那樣）看起來會是什麼樣子？答案可能出乎一般人意料。

由美國商業作家傑·康拉德·李文生（Jay Conrad Levinson）提出的「游擊行銷」（The Guerrilla Marketing）概念，內容在於「面對更大、更著名、資金更雄厚的競爭者，產出超乎自己規模的成果」。目標是**透過攻擊性且非對稱的行銷作戰而突然成長**。現在請看看以下兩個例子。

一、罵髒話的鸚鵡

新冠肺炎疫情期間，許多鸚鵡的主人發現，當他們必須在家工作時，無法忍

1編按：梅里安—韋伯斯特公司（Merriam-Webster）是美國權威的辭典出版機構。

受寵物沒完沒了的吵鬧。因此動物園收到的棄養寵物突然增加了。而有一間動物園除了動物之外，還得到了一些別的東西。

位於倫敦北方一百多英里的林肯郡野生動物園（Lincolnshire Wildlife Park），驕傲的展示它們新養的一群非洲灰鸚鵡，結果他們很快就發現鸚鵡有個意想不到的天賦：罵髒話。

遊客一走進園區，就會遭到鸚鵡用猥褻字眼一陣痛罵，而且有些鸚鵡還會叫別的鸚鵡「滾開」。後來動物園的常務董事抱怨，她每次經過時都會被鸚鵡貶到一文不值。

鸚鵡罵髒話的新聞很快就傳遍全球，讓這間動物園變得很出名——而且非常吸引人。然而，動物園的管理階層決定不再公開展示這些鸚鵡，因為怕牠們會嚇跑遊客。但如果是野草，一定會**將數百萬人的瞬間印象，以及新獲得的名氣，視為這間動物園的意外收穫**。

希望動物園的管理階層，能明白他們握有多麼強大的吸引力，並欣然接受罵髒話鸚鵡的破壞性行銷力。他們大可以輕易擴張自己的規模，卻選擇讓英國的知名觀光景點黯然失色。

二、六美元剪髮

從前有一家理髮店，鎮上每個人的頭髮都是他剪的。一切都很好，直到某天一家連鎖店進駐。連鎖店在街上豎立了一塊招牌，宣稱：「我們剪頭髮只要六美元」，價格遠低於老店，因此迅速搶走不少生意。

老店的老闆急需因應之道，於是做出了大膽舉動——他也弄了一個招牌。這塊招牌放在他的理髮店屋頂，而且正對著對手的招牌，然後寫著：「**被六美元理髮剪壞的人請找我們。**」

猜猜看誰贏了這場理髮之戰？

在我的著作《如何與任何人見到面》，以及《見到面》（*Get the Meeting!*）中，我描述過一種方法：**瞄準與聯繫那些能夠改變我們事業規模的人，藉此迅速成長**。聯繫行銷術雖然既大膽又精明，但也要經過謹慎策劃，要求與顧客見面時才會獲得更多正面回應。

我描述了如何使用劍、鴿子、電子郵件、訪談、個人化、禮物、報紙全版廣告、漫畫等方法來突破心防。傳統的行銷方式，無論回覆率（一％以下）或投資報酬率（ＲＯＩ）都很低，但聯繫行銷活動的成果數據通常都很驚人。

使用以上方法聯繫活動的回覆紀錄是三〇〇％（多虧了病毒式傳播），而最高的ＲＯＩ是六九五〇萬％（臉書上每則廣告費用是二十八美元，卻產生約兩千萬美元的成果）。

以上這些都是高度破壞性的成果，推動大幅成長；而他們都沒有發明改變世界的科技。野草是對的，不只有資金雄厚的矽谷新創公司，商場上的任何人都可以搞破壞。

做生意，必須有點「粗魯」

如果說到商業界的「破壞」，一定會聊到亞馬遜。所有企業家也一定同意，在世界上所有公司中，亞馬遜是「像野草一樣行動與成長」的最佳實例。亞馬遜也是持續破壞與進化的典範，就像達爾文在其研究中表示欽佩的野草。正如作家傑夫．希恩（Jeff Sheehan）指出：「亞馬遜的研發經費是全世界最高的。」

亞馬遜不斷尋找新構想來破壞競爭者。市場研究公司 CSO Insights 和銷售精技（Sales Mastery）的共同創辦人吉姆・迪奇（Jim Dickie）說道，亞馬遜特別積極創造一種文化：「它們是跳脫框架的思想家，質疑一切事物。它們**不斷以不同方式觀察員工、流程、知識與財務角度，然後突然就出現了創新**。整間公司都是創新者。」我們都已經見識過亞馬遜如何利用創新來破壞競爭者，甚至破壞自己。

新創公司策略家皮埃爾・沃爾夫（Pierre-R Wolff）問道：「有人會破壞自己的商業模式嗎？當然有！亞馬遜整天都在做這件事。」沃爾夫指出，亞馬遜草創時只賣書，而當它們完全改寫「書店」的概念時，就已經建立了屬於亞馬遜的標誌性方法。突然間，它成了一個全球性的平臺，提供所有你想像得到的書籍。

實體書店瞬間就被淘汰了。但亞馬遜也敏銳的意識到，**它們不是被競爭者破壞、就是被自己破壞**，而自我破壞是它們能夠控制的。這項策略已經開花結果，許多網路商務的發展如今已被視為理所當然，包括聯盟行銷、一鍵購物、兩天內到貨、訂單追蹤更新、電子書閱讀器、AI家電等。然而亞馬遜很少（或根本沒有）被競爭者破壞。

稍後討論野草策略和事業時，亞馬遜、伊隆・馬斯克（Elon Musk）創辦的特斯拉（Tesla）和SpaceX，以及Uber等公司會經常出現。假如你的公司預算近乎無限，能夠創造任何你想像得到的事物，那麼它們就是很好的例子。但大多數人面對的現實並非如此，畢竟我們的資金有限，也不想搶先殖民火星，只想銷售自己的產品和服務。那麼**該怎麼破壞自己的成功之道？**

矽谷顧問公司創辦人克里斯多夫・洛克海德（Christopher Lochhead）寫了一本見解深刻的書，提供所有人簡練的解決之道。在《瞄準利基：如何讓自己與眾不同，成為傳奇》（*Niche Down: How to Become Legendary by Being Different*）一書中，洛克海德主張，持續的破壞不只來自創造自己的品牌，也來自於**創造自己的「類型」（category）**。

只要你做了這件事，就會成為無庸置疑的龍頭，因為你就是這類型的第一人。網飛（Netflix）就這麼做了，它從DVD出租商轉型成今日我們所知的電影串流平臺。它成為獨一無二的類型，很快淘汰了電影出租與實體媒體事業。即使現在亞馬遜、迪士尼、Hulu與其他許多廠商都追隨網飛的腳步，但它依舊是無庸質疑的類型龍頭。

打造新類型已變得如此重要，洛克海德表示，大型創投公司只會投資那些開創新類型的新創公司。他指出：「紅杉資本（Sequoia Capital）的科技創投資本家吉姆．哥茲（Jim Goetz）說道，假如某個類型已經存在於市場，他們就會對此失去興趣。」

假如一家新創公司沒有代表新類型的機會，資本家就不會投資它。洛克海德的主要論點是：「**假如你創造自己的類型，你就能夠長期維持主導權。**」就像侵略性的野草一樣，一旦它占領了一小塊地，其他植物就很難進來沾邊。

在野草的相關研究中，都能見識到它們改造自己的能耐，因此很適合用來比喻成長策略。新冠肺炎迫使商場上所有人重新思考自己的商業模型，因為這不但攸關存亡，也是改善與成長的機會。

Zoom 在轉型之前，只提供商用視訊電話，所以一般消費者幾乎不認識它；美國健身器材派樂騰（Peloton）因為一則疑似帶有性別歧視的廣告被瘋傳，而引起眾怒。這兩家公司的處境都非常幸運，因為疫情讓所有人必須在家工作和運動，而它們的產品就成了必需品。但它們還是必須**破壞自己的模型，才能掌握新的成長機會**。

一個事業如果只仰賴來店消費的顧客，那就賺不了多少錢。這種形態導致許多餐廳倒閉，但也有一些餐廳改造了它們的供餐方式，進而滿足顧客的新需求。

職涯訓練員和演說家的回應方式，是將他們的服務放上網路、在家教課、推出線上課程……。行銷專家桑格倫・瓦伊爾（Sangram Vajre）解釋道：「如果想搞破壞，你就必須成為改變的原動力。」

他建議大家**與想要服務的社群結為夥伴，並找出你能協助他們解決的問題**：「逆向工程就是來自社群的解決方案，這個社群對於一個問題的關心程度，足以讓你能夠打造一個平臺，而不只是一件產品。」

破壞，也可能是先謹慎觀察、再採取大膽的步驟。創投資本家艾絲特・戴森說道，任何產業中表現最差的五%，都不敢打破自己過去的模式。它們變得自滿、錯失了機會。而好的公司就會利用這一點：「當市場被破壞，野草就更容易入侵並茁壯成長。野草沒有良心，哪裡不歡迎他們，它們就去那裡。它們未經允許就出現了，野草基本上就是這樣。」顯然，**任何破壞與成長計畫都必須具備野草般的無禮態度**。

創新力大師克里斯汀生的建議是分拆出新的公司，利用破壞性科技獲利；但國際商業戰略家丹・瓦爾德施密特提出了一個有趣的替代方案。他說：「**公司如果沒有制定『野草策略』的人（Chief Weed Officer，野草策略長），你就輸定了。**」

在專業領域中與擅長自我破壞的公司合作，可說是瓦爾德施密特的拿手強項。

所以我們現在有兩種版本的破壞可以遵循。一種是發明新科技，就像矽谷那樣；另一種就是變得精明、堅持不懈、宛如野草。

連接被人忽略的點

《品牌干預》（*Brand Intervention*）的作者大衛・布里爾（David Brier），漂亮的描述這種野草信條：「破壞，就是韌性與獨創性的同義詞；我們要留意機會，注意反覆的模式、相似性與多餘之處。」

他說，再造與破壞自己都是出於自問：「**為什麼不那樣做？如果我們試試這樣做會如何？他們做了那件事，我們也可以嗎？**」野草告訴我們，要連結那些經常被別人忽略的點。想要破壞自己的市場、並且像野草一樣成長，這個建議真的非常實用。

廣告專家瑞克・班尼特（Rick Bennett）將美國軟體公司甲骨文（Oracle）創辦人賴瑞・埃里森（Larry Ellison）的黃金規則視為「野草式破壞」的終極表現。

他的法則是：「**你賣的東西千萬不能跟競爭者講的一樣。**」只要強迫自己超越競爭者，我們就能讓破壞成為事業中持續且極具策略性的要素。就像野草一樣。

我們正在了解野草如何用如此多產的方式成長，以及該如何吸收它們的流程。正當我們審視野草用來果斷取得勝利的策略與特質時，也在建構 W.E.E.D.S. 模型，本書稍後經常會用到它。

在上述這段關於破壞的討論中，我們可以看到，野草搞破壞是為了清理出新的成長與拓展空間。**它們的做法是撒下具有壓倒性數量的種子、培養不平等優勢，以及執行萬無一失的成長流程**。這些行動完美的配合了種子策略、分割策略以及葉叢策略。

在這個模型中，種子類似於能夠影響他人想法與意圖的任何事物，使他們願意與我們做生意。分割策略包含了減輕損害與風險，以及利用新的解決方案回應破壞，使我們能夠提供更好的服務給客戶。而葉叢策略則推動我們培養無可匹敵的不平等優勢。

瓦爾德施密特是對的。如果你想種下破壞的種子、卻沒有野草策略長，你就輸定了。讓自己成為野草策略長——這是真正的不平等優勢。

野草攻勢

- 野草是大自然的終極破壞力量。
- 《創新的兩難》作者克里斯汀生說道，市場龍頭幾乎從未掌握到下一波破壞，而破壞源自新科技。
- 游擊行銷、聯繫行銷，以及開創新類型，是三種不必靠大筆預算發明新科技、就能搞破壞的方法。
- 任何破壞與成長計畫都必須具備野草般的無禮態度。
- 公司裡沒有「野草策略長」的話，你就輸定了。
- 破壞，以及隨後的其他策略要素，全都會化為 W.E.E.D.S. 模型的一部分。

第 2 部

野草攻勢，強化你的應變、創新和執行力

第五章

務實的樂觀主義，美國中情局守則

顛茄（*Atropa belladonna*）只要兩顆黑色漿果就足以殺死小孩，20 顆就足以殺死成人。有幾種茄科對農業來說相當棘手，因為它們帶有病原體和昆蟲，對農作物有害。

圖片來源：©皇家植物園受託人理事會，邱園。

野草心態是一組特質，野草用它來運作生長流程。它是行為準則、戰鬥模式、成果加速器。**野草心態就是野草把事情做好的方式**——它們的流程帶有極大的正面效應。

當我們在接下來的部分審視並應用 W.E.E.D.S. 模型時，我們會把這個流程拿出來研究。但首先，野草要求我們必須轉型。為了像野草一樣成長，我們必須先吸收野草的心態。

第二部的六個章節，會揭曉野草如何利用壓抑不住的樂觀主義、冷酷無情的堅持不懈、粗暴的急迫性、可怕的侵略性、靈活的適應力以及異樣的韌性，抵銷威脅、擊敗對手、占領新地盤。

所有野草的行動都帶有不平等優勢與致命效應。例如顛茄的祕密武器就是它的毒漿果；只要兩顆就能殺死小孩，二十顆就能殺死成人。這種野草可是玩真的。其實所有野草都是玩真的，而這就是吸收野草心態的好處：它會使你一樣也能主宰自己的領域，因為你執行的野草策略帶有統治級的效果。

那些年當我看到蒲公英從高速公路安全島的裂縫長出來時，就知道**野草肯定是樂觀主義者**。它的花散發出標誌性的螢光琥珀色，種子飛進高速公路交通的喧囂中，每一顆都展開自己的刺激冒險。

野草在煙霧瀰漫的喧囂中搖擺、彈跳，看起來好像樂在其中。它似乎不在意自己的命運——住在高速公路安全島可不是什麼理想的生活環境。它也肯定不會覺得：「嗯，這裡真的爛透了。」

樂觀是成功的燃料

如果想要理解野草心態，我們就必須重新調整看法。我們不是在追求個人想法，而是在追求群體智慧。身為團體，每株野草都敬業的執行它們的成長、生存與支配策略。它們絲毫**不會因為偏離主題的想法或感覺而受到干擾；因為這些想法或感覺與任務無關，並不包含在野草的「程序」中**。

不過我們還是可以從它們的行動中，看出強烈的樂觀主義。它們運作自己的流程，以求成長、開花、播種、防禦威脅，並且抱持著看好前景的信念，開枝散葉。它們的行動意味著一種歷久不衰的信念：「只要按照計畫行事，就一定會順利發展。」這就是典型的樂觀主義。

樂觀主義的定義是：相信世界上的一切都很好，所有事情到最後都可以順利發展。這種陽光且精力充沛的信念，使我們能夠形塑自己的世界，推動人生中的成果。但我們也能將樂觀主義定義為「不悲觀主義」。它是「沮喪」的反義詞。悲觀主義會侵蝕我們對於正面成果的信念，進而使我們不想努力達到這些成果。假如我們不相信自己的行動能造成改變，堅持下去的意志力就會崩潰。悲觀是失敗的燃料。

另一方面，**樂觀是成功的燃料，它會改變我們因應挑戰的方式**。樂觀主義會減少壓力荷爾蒙、增強免疫反應，並且讓人更大幅度、更迅速的從疾病中康復。它是創業家的必備特質；創業家是終極的樂觀主義者，他們必須創造新的願景，並且為求正面改變，而與抗拒他們的世界作對。

俗話說：「如果你不嘗試，就保證會失敗。如果你從來不開口，得到的答案永遠都是『不』。」樂觀主義是成功的動因。前四星上將、美國國務卿柯林．鮑爾（Colin Powell）曾說：「永續的樂觀主義是一種力量乘數。」可以說，樂觀主義是 W.E.E.D.S. 模型中眾多要素之一。

大家都認同樂觀是寶貴的特質，也能夠促進成功，但它可以學習嗎？可以，不過沒有這麼簡單：「ＯＫ，我們現在開始把空一半的玻璃杯看成半滿吧！」

心理學家、《學習樂觀．樂觀學習》（*Learned Optimism*）作者馬汀．塞利格曼（Martin Seligman）說道，將**負面看法轉變成正面的關鍵，取決於改變我們一貫的作風**。假如我們將挑戰視為永久且無法控制，我們就會受悲觀所害。訣竅在於**將那些阻礙視為暫時性的，而且成果在我們的掌控之中**。

毫無意外，野草的看法截然不同。它們沒有情緒，所以可以完全跳過上述步驟，它們就是樂觀主義者。當我們沮喪時，成果和反應都會減損，但假如保持樂觀，就能重回正軌，比預定時間更早完成事情，並且開心追求目標。

野草總是直接跳到樂觀的心境。它們總是積極運作自己充滿策略的流程——總是努力求勝。當遭遇挫折，它們會再度振作，繼續運作那個不斷讓它們成長與獲勝的方法。

假如要野草教我們怎麼運用樂觀，它應該會說：「隨機應變。」這聽起來非常簡單，執行起來卻很困難。人們的情緒總是會礙事，遭遇挫折時的反應可能是憤怒、怨恨或順從，而這些全都會妨礙進入樂觀主義所產生的高生產力狀態。

當情緒妨礙到自己進行任務，野草會告訴我們：「別浪費時間了。隨機應變吧。走出陰霾，並重回勝利之道吧。」它們也會說道：「想想怎樣會令你更快樂、更有動力？是『想贏』？還是『真的贏』？」

CIA探員，樂觀是任務的一部分

說到樂觀主義，我想不到比CIA更極端、更像野草的例子。思考一下他們每天面對的情況：特務通常活在最惡劣的環境中，一旦被抓到就可能被處決；他們的任務是蒐集至關重要、最機密的國家威脅資訊。如果有任務需要壓抑不住的樂觀主義，這個任務就是了。

瓊納．門德斯（Jonna Mendez）的工作是你能想像得到最迷人的職業之一。身為前CIA偽裝長（head of disguise），她的工作是確保現場特務以及派遣到國外的情報來源，能夠維持隱藏和安全。「我們必須保持樂觀。」她解釋道：「人們總是會想著萬一發生不好的後果怎麼辦？而駐外人員可能面臨到的災難，肯定比一般人還糟糕。這個責任還真是難以想像。」

門德斯說道，**保持樂觀的關鍵，在於相信他們的任務值得去做，而且有可能**

成功：「我們總是同心協力，盡可能為我們的人員提供最安全的平臺。而保持樂觀一直都是行動的一部分。」

《職場反抗軍》共同作者、前CIA情報站長（Station chief）卡門・梅迪納，很讚賞衝撞體制以產生正面改變的精神。她說：「蒐集情報時必須應付負面的事情，所以抱持樂觀，就是實質上的反抗。」她認為從內心油然而生的樂觀主義，對於想要茁壯成長的組織與人們來說是必要的。

「情報人員可能會深陷於『這個世界既糟糕又可怕』的想法。」梅迪納解釋道：「這種心態大概是：『如果你跟我一樣了解這個世界，你就永遠不會想離開家門。』而只有樂觀主義讓你能夠繼續撐下去。」

她也將樂觀主義視為重要的元素，讓有創意的人能夠一展長才：「馬斯克是個很好的例子。他出生於南非，搬到加拿大和美國，過著像野草一樣的生活。」樂觀主義，以及實現大到離譜的目標，就是馬斯克的人生故事。

最後，前CIA局長本人也有話要說。大衛・裴卓斯將軍告誡人家，**樂觀主義必須要實際、理性與了解情況**。他警告：「我們應該樂觀，但也必須是現實主義者。有時候事態會變得很艱難，但艱難並不代表絕望。」他的話似乎在呼應野草：「隨機應變，並繼續堅持那些能讓你獲勝的事情。」

專注於流程，但要隨機應變

亨利克・菲斯克的創業家人生經常被人討論，他也經歷了許多工作上的艱難與挫折。菲斯克是著名的汽車設計師，曾經設計過英國豪華跑車奧斯頓・馬丁（Aston Martin）的 V8 Vantage 和 DB9，以及 BMW Z8 雙座敞篷車——出現於〇〇七電影系列。

後來他創辦了菲斯克汽車（Fisker Automotive），承諾要推出優雅的豪華電動車，但在二〇〇〇年初期面臨財務困難而倒閉。接著他捲土重來，成立一間新的同名汽車公司，並且為這個產業帶來新的數位模型。

菲斯克認為，樂觀主義可以激勵所有創業活動：「沮喪並不會擊垮我。人們經常拿半滿的玻璃杯來比喻樂觀，然而對我來說，就算杯子裡只剩幾滴水，都還**是有機會！**」菲斯克說，**樂觀的訣竅在於總是相信你做的事情有價值，而且你可以做得比任何人更好**。「那間價值十億美元的公司，是由某個人經營的，而我也是人，當然有可能跟他一樣好，或比他更好。」

「無論當前局面有多麼艱困，野草都能夠生存並茁壯成長。」商業媒合公司Outbound Edge 創辦人克里斯・奧托拉諾（Chris Ortolano）補充：「我們應該持續尋找茁壯成長的人，藉此在團隊中建立樂觀主義。」創投資本家艾絲特也同意：「野草不會因為恐懼而停下腳步。我們必須像它們一樣。」她說樂觀主義者不會呆坐著等待確鑿的證據，他們會先評估，然後就採取行動。他們遵循野草對於樂觀的定義：**隨機應變，並且專注於那些讓你獲勝的事情**。

創業家喬許・史坦麥爾認為，野草做的每件事始終都帶有樂觀主義：「野草會尋找任何新的成長機會。如果你有創意，你就會一直看見散播種子並創造成長的機會。」史坦麥爾解釋：「這就是野草的作風，它們知道假如散播足夠的種子，就有可能在混凝土中找到裂縫。」

銷售創業家愛麗絲・海曼（Alice Heiman）如此總結：「野草是花園的不速之客。它們就這樣闖進來。」這就是「壓抑不住的樂觀主義」。

野草攻勢

- 野草心態是一組特質，野草運用它們來執行流程，造成極大的相互效應。
- 野草心態的特徵是壓抑不住的樂觀主義、冷酷無情的堅持不懈、粗暴的急迫性、可怕的侵略性、靈活的適應力以及異樣的韌性。
- 野草建議我們，讓正面行動引起樂觀和興奮的心情。
- CIA靠著野草般的樂觀主義，完成危險任務。
- 樂觀主義讓情報人員總是能比敵人搶先一步，並且存活下來。

第六章

把情緒擺在目標後面

喜馬拉雅黑莓（*Rubus armeniacus*，又名亞美尼亞黑莓）具有侵略性，而且幾乎不可能消滅。這種植物會很快形成一叢無法穿透的帶刺藤蔓，而且可以生長到 12 至 15 英尺高，最長可達 40 英尺。它的花不必受精就能生產種子，而且藤蔓在地面碰到的地方，會生出更多根系統與枝芽。

圖片來源：© iStock。

人們常說，如果想在商場上獲得成功，就要「堅持不懈」。然而這個字眼我們太常聽到了，結果也讓它幾乎失去意義。我認為它的意義消失了，因為大部分人並不知道「真正的堅持不懈」是什麼樣子。我們需要某種啟發，讓我們能夠用「心眼」看事情。

幸好野草給了我們簡單的例子去遵循。我家後院有一片二十乘三十英尺的喜馬拉雅黑莓，是前屋主種的。剛種下去時這片黑莓整齊的排成兩排，前屋主可以穿過中間採收果實，但他真該知道喜馬拉雅黑莓是很有攻擊性的住客，它們可以迅速逾越人類的任何規矩。

等到我們搬進來時，這兩片黑莓已經變成十五英尺高的糾結藤蔓，在半空中形成拱形，並且露出獠牙。原本二十乘三十英尺的占地幾乎變成了兩倍大，它似乎想占領整個院子。我必須採取行動了。

於是我僱用清潔團隊和曳引機，想把它全部挖起來。我們移除了幾堆殘骸，讓這塊地回到光禿禿的狀態。但不久之後，這塊地就又蓋滿了一片蓬亂的黑莓芽，而且已經長到兩至四英尺高。於是我又拿起十字鎬，出門消滅這些新芽。

我揮動工具時，注意到土壤中有許多很硬的點——它們的根部頂端實在太硬，居然可以把十字鎬彈出地面。經過數小時賣力工作後，這塊地被清乾淨了，但幾週後又長出新芽，黑莓很快就收復失土。這個循環一直反覆下去，唯一的喘息時間是野草冬眠的時候。但它們又在春天回來了。

這種鬥爭變成每年都發生一次，如果沒有援軍和重型工程裝備，我就會輸掉這場戰鬥。無論我做什麼，黑莓都只有一種行動模式：向前衝。冷酷無情、堅持不懈。

情緒不該引導行動，要在後方增強動機

野草令我想起堅持不懈的意義。黑莓在我家院子發起的入侵，也發生於全世界遭到破壞的後院。那麼，野草對於「堅持不懈」的看法是什麼？

野草思維（Weed-think）有兩個特色：**第一是缺乏情緒，第二是它們在執行流程時非常極端**；屏除所有情緒，並以巨大的力道行動。它們就像電腦一樣，被設定成要照著程式做，沒有任何疑問或猶豫。相反的，人們的生活就比較複雜。

情緒會產生影響，讓我們滿腦子都在懷疑自己是否能達到夢想中的成果。

「這樣做或許沒有用。他們不想再聽我說了。我應該放棄。」野草不會被這種心情妨礙，所以它們採取堅持不懈（以及本書第二部介紹的其他特質）的行動，繼續前進。**當你在執行任務時，如果還有閒工夫懷疑自己，那就太奢侈了。**

野草也告訴我們，堅持不懈的核心功能，就是控制執行的速度。就這樣，它就是油門。堅持不懈控制了成長的速度。這就是為什麼它是所有成功故事的關鍵。如果不踩油門，你就哪裡也到不了。

野草可以一派輕鬆的告訴我們要捨棄情緒，因為它們根本沒有。但它其實是在告訴我們，要找到新的方法管理情緒。一般來說，所有人都會體驗到情緒，並決定是否為了情緒採取行動——讓心情決定行動並不是什麼好點子。我們應該**基於任務和目標來引導行動，而情緒會跟在後頭，增強動機**。讓行動驅動情緒。

行動決定情緒——這可不是我發明的新觀念。心理師早就注意到行為與心情之間的相關性。例如他們對於憂鬱症患者的行為治療，就是讓病患重新採取正強化的行動，使他們擺脫恐懼。

野草所建議的心理模型也是一樣。樂觀行動，你就會變得樂觀。冷酷無情並堅持不懈的行動，你就會在自己的領域所向無敵。

你會怎麼邀請太空人阿姆斯壯？

我在更早的著作《見到面》中，花了一章的篇幅探討堅持不懈，它的目標是要見到顧客，進而獲得重大銷售成果。跑業務時，大家總說堅持不懈是成功的關鍵，而且有許多故事能佐證這個論點。

有個業務員想跟《財星》（*Fortune*）五百大主管之一見面，她寄了七十九封電郵都杳無音信，在第八十次嘗試終於有所突破，與對方見到面。韓國有一位阿媽，考了九百六十次駕照，終於成功了。燈泡的發明者湯瑪斯・愛迪生（Thomas Edison），失敗了一萬次才有了重大發現。

不動產大師布萊恩・布菲尼（Brian Buffini）曾經分享了一個有關堅持不懈的故事，我非常喜歡。布菲尼主辦的訓練活動，都會以某個能夠吸引群眾的人作為號召。有一年他希望邀請尼爾・阿姆斯壯（Neil Armstrong），也就是第一個登陸月球的人。

只有一個問題：大家都知道**阿姆斯壯非常不喜歡公開露面，就連NASA的活動他都拒絕參與**。布菲尼當然知道這件事，**但他不在乎，照樣堅持不懈**。他的方法是一直寄手寫信，邀請阿姆斯壯擔任他的專題演講人。布菲尼寄了好幾週的信，都沒有回音。

後來他終於收到回信——不過，阿姆斯壯只寫了一句：「你還要繼續這樣寄信給我嗎？」布菲尼回答：「是的。」就這樣，阿姆斯壯答應擔任布菲尼那一年的主講人。

布菲尼藉由堅持不懈，踩下事業成長的油門。銷售創業家海曼說道，堅持不懈並不是要當個討厭鬼：「**始終如一，釋出正確的訊息，並傳遞價值**。無論在銷售之前或之後，堅持不懈都一樣重要。」

沒有「一夕成功」這回事

行銷公司 Vibes 的高級副總裁比爾．史考特（Bill Scott）說堅持不懈並不有趣，而且很辛苦：「這不是一件快樂的事，你需要進攻、戰鬥。」史考特生涯早期的計畫就像野草一樣堅持不懈，藉此刺激成長。他在念大學時，曾有個挨家挨戶銷售書籍的工作機會。

上過激勵人心的銷售訓練課程之後，他和同事被派去鄰近地區賣書，但過程並不順利。他不想被淘汰，於是加倍努力。他回憶道：「我沿著鎮上的鐵軌走，不停尋找可以拜訪的住家。儘管我既沮喪又疲累，還得應付狗跟警察。」

他的努力終於獲得回報，因為他一直踩著堅持不懈的油門。經過五個夏天，他成為公司排名前一〇%的銷售員。他學會怎麼說出既俐落又緊湊的故事，並發現如何引起對方的興趣、做出有說服力的示範，然後以平靜且使人安心的方式成交。他堅持不懈，拜訪更多住家、**同時不斷磨練自己的流程**；野草如果會賣書，應該就會像他這樣。

前ＣＩＡ局長裴卓斯回想起他在阿富汗指揮軍隊衝鋒陷陣時，堅持不懈的心態也發揮了價值：「前六個月相當辛苦。相信『我們明天就能輕鬆擊敗敵人』是非常重要的。」將軍說道，野草對於生存、成長與拓展的堅定意志，正是公司與領導人的關鍵特質。

創業家傑．金（Jay Kim）曾表示，**沒有「一夕成功」這回事**：「所有關於成功人士的故事，都有一個共同的主題。**沒有人把他們的成功歸功於聰明才智**。他們**成功必定是因為冷酷無情的堅持不懈**。」他補充，持之以恆有一部分是將自己的技藝練到爐火純青：「在這些人當中，有不少人直到四十、五十，甚至六十歲才真正成功。」

汽車創業家菲斯克補充：「自信就是關鍵。我在銷售某項設計時，總是非常堅定與自信。」創業家兼飛行員麥克·帕蒂也說道：「人們太容易放棄了。」帕蒂還是一名YouTuber，他打造出保持世界紀錄的比賽用飛機，以及登上雜誌封面的神奇叢林飛機，能夠降落在任何地方。

「人如果停下腳步就會死。」帕蒂解釋道：「組裝飛機和建立事業一樣。訂下目標，然後案子開始之後就永遠別停下來。」他建議大家每天都要做點事情來推動案子，正如心理師（和野草）提醒我們，**創造必要的正面回饋，我們才能堅持下去**。行動產生成果，而不是情緒。

Ace動漫展（Ace Comic Con）創辦人蓋瑞布·山莫斯（Gareb Shamus），回想起他早年的目標——讓超級英雄成為主流——時說道：「我被大肆嘲笑了好幾次，但我不在乎。我無所畏懼。」他知道超級英雄這個概念最後一定會流行起來：「我知道這玩意兒很讚，真不懂那些品牌行銷商為什麼看不出來。我總是很有自信，所以堅持不懈對我來說並不難。」

《銷售真相》（*#SalesTruth*）的作者麥克．溫伯格（Mike Weinberg），說了一個非常迷人的故事：某家工程裝備公司，如何將堅持不懈轉變成銷售過程中的「必要流程」。

他們發現**推銷的關鍵是一直在工地現身，獲得工頭信任**。於是他們擬定了十個步驟的計畫，**在生意談成之前，必須拜訪工地十次**。等到第十次拜訪時，工頭會說：「你看起來是認真的。我們來研究看看能怎麼合作吧。」

鍥而不舍使我們看起來很認真，因為我們真的很認真。堅韌不拔的行動，就能驅動成長，讓我們成為頂尖人士。

野草攻勢

- 野草思想的特色是缺乏情緒，以及極端的執行流程。
- 野草就像電腦一樣，被設定成要照著程式做，沒有疑問或猶豫。
- 堅持不懈的功能是控制成長的速度，就像油門一樣。
- 讓行動引導情緒，藉此避開懷疑的心情。

第七章

成功者最常說：「不行，這很急」

刺莧（*Amaranthus spinosus*）每年都會入侵世界各地低海拔地區的農田和牧場，每片葉子的底部都長了又長又尖的刺。這種刺是很粗暴的防禦機制，能夠劃破農夫的皮膚，而且葉子對牲畜來說有毒。

圖片來源：©皇家植物園受託人理事會，邱園。

時間從來不站在我們這邊。拖延會浪費寶貴的資源，以及減少成果。我們必須不計代價，盡可能減少拖延。不過人們所有互動都內建了拖延，因為它很難被發現，所以我們甚至不知道時間已經被偷走。

當某人告訴你：「只需要六個月，我們絕對可以把這個事業做起來，並且保持正常運作。」你得問他：「為什麼要拖這麼久？不能快一點嗎？這很急。」當某人問說：「你可以等一下嗎？」你一定要回答：「**不行，這很急。**」

當你約好時間要打電話給對方，對方問可不可以十五分鐘後再回電，你還是一定要回答：「不行，這很急。」當客戶說他們之後再聯絡你，而沒有講日期，他們如果不是拒絕你，就是不覺得你提供的解決方案很重要。

拖延會扼殺成長、並減少我們的重要性。**急迫性定義了重要性**，並且會推動事物前進。每次拖延就好像被人稍微攻擊了一下，到最後你就會因為被攻擊一千次而敗北。野草告訴我們，**每次互動都要以粗暴的急迫性來行動，確保我們在領域中的成長與主導權**。

如果這聽起來有點難搞，請想想我們剛才介紹過的朋友：刺莧。它覆蓋著銳利如剃刀的刺，長度可達兩英吋，沒人敢惹它。它在全球農地的穩固地位（以及它身為野草的重要性），都是由它帶刺的鋼鐵意志所建立。難搞的刺莧會告訴我們，如果有人想要拖你時間，你要告訴他，門都沒有！

行為活化：讓行為改變情緒

野草心態是以六個特質為基礎，它們會使人積極的執行策略；我們會在第三部 W.E.E.D.S. 模型詳細解釋，讓大家能夠照著做。到目前為止，野草已經告訴我們要**以行動引領自己，再讓情緒跟上來**。這個方法並不直覺，因為我們多半是基於感覺而行動。不過野草告訴我們這樣一定會失敗。精神科醫師也表示野草的建議是有科學根據的。

行為活化（Behavioral Activation）是被廣泛運用的療法，它基於一個理論：「正面行動可以替憂鬱症患者產生正面情緒。」在治療時，治療師會引導患者做出新的行為，模仿那些既快樂又不憂鬱的人。

患者們做運動、與人交際、憑自己的行動走出憂鬱，因為這些行為會使人強烈的覺得自己健康、興奮、有動力。突然間，**他們絕望的心情，被自信以及對於**

生活的興奮感給取代了。這樣的心情會進一步改變成果和生活。

這種療法其實是用來治療憂鬱症，但很顯然，只要你想產生新的行為成果，就可以應用它。雖然野草建議的方法不太一樣，但成果是相同的。野草沒有情緒，所以它們的勝利方法，當然就僅限於以行動為基礎——執行流程，不受心情或疑慮干擾。

無論是如何得到結論的，我們都能控制自己的成果，只要我們能產生無限的樂觀、堅持不懈和急迫性（還有侵略性、適應力與韌性）。行為活化可以幫助我們，為自己、團隊與市場灌輸急迫性和重要性。

每小時值一萬美元，每件事都要急

你計算過自己的時間價值嗎？兼職員工的時薪，只不過是他們為公司產生的價值的皮毛而已，否則這家公司就無法獲利了。正職員工也一樣，就連高薪執行長的薪水，都比不上他們對公司的價值。每個員工都必須是獲利來源，否則這家公司就會倒。

如果你將自己作為領導者、生產者、聯繫者和驅動者所能貢獻的潛在價值，全部加總起來，你每年的身價應該有好幾百萬美元。這不是在誇大。你目前是否有產出這個價值，並不是重點所在。其實，你一直都有潛力辦到這件事，而我希望本書能幫你達到那個境界。

野草似乎非常了解自己的潛力，並且總是迅速的鞭策自己發揮它。它們似乎在說：「你的潛在價值跟實際價值是一樣的。挑個數字，然後達到它吧。如果你說你的時間每小時值一萬美元，那麼從現在開始，你的行動就要值這個錢。」

再次強調，野草建議我們要以行動引導情緒，並**選擇能夠增加「時間價值感」的行動**。如果你的時間每小時值一萬美元，當有人要求你浪費寶貴的時間，或者某位潛在的夥伴想延後半年再跟你談生意，你會怎麼回應？

重點在於你的時間對你有什麼價值。它的價值比別人願意付你的錢還要高出許多。**讓它成為你的內在驅動力，產生粗暴的急迫性，消除所有拖延因素。**

為你的時間定出一個真實價值，是產生急迫性的方法之一。另一個方法是設立期限。這兩者都是行為活化在野草心態中產生作用的例子，用來幫你更快、更大規模的達成目標。

玩弄截止時間，房仲最拿手

期限有一種魔力。我整個生涯都在創作領域工作，已經直接體驗過了。現在我寫這本書時就在體驗它。**設定期限就像替你的大腦設定鬧鈴一樣**，讓我們維持正軌並且準時。我們的大腦面對新現實時會重新調整，確保我們能在截止日前完成行動。

期限可以應用於內部或外部。期限能夠為你的作業灌輸急迫性，但它也能用在客戶、供應商、潛在顧客，以及整個市場。例如截止日就會讓人們照著你的時間範圍行動，而不是他們自己的。而這就是關鍵所在——**如果你讓別人決定時間表，你就無法控制執行勝利流程的時間與方法**。

有些人需要截止日期來刺激自己行動，有些人則是害怕錯失機會。房仲很清楚這一點，因此他們會不斷挑起買家之間的競爭，藉此把房子賣出去。我們看房子時，聽過多少次這種話？「我有兩個買家在下午出價了，所以您最好快點決定。」簡直就跟錄音機一樣自動播放。

期限是很實用的行為活化工具，能夠掌控任何事務的急迫性——如果它能提早挑起競爭、或是對不服從的人產生後果，那更好。

每件事都要馬上做？重點是「執行流程」

最不能原諒、最不必要的拖延，就是我們自己造成的。野草根據天性行動，所以它們的急迫性是自動產生的。而我們必須藉由**持續且刻意的努力、一直快速做正確的事情，才能產生急迫性**。

我們大多數人都不會刻意拖延最重要的急事，但很多小細節很容易妨礙這些急事，我自己最近的工作就遇到這種狀況。

與大客戶的重要會面被延後到下一週，原本約好的日期與時間勢必改期，但我還沒有和對方敲定日程。雖然我可以等到把自己手上的事情做完再說，這樣比較簡單；但我還是放下所有事情、先把會面日期訂下來，這樣才能**傳達急迫性，進而傳達重要性**。我如果選擇等待，就會傳達錯誤的訊息。

與此同時，我和某家公司的創辦人見了第一次面；這次會面很重要，對方可能會成為重要的新夥伴。我答應要寄一本親筆簽名的《如何與任何人見到面》給他，但後來因為事情太多，過了幾天後我才發現自己還沒寄。那麼，這會傳達什麼訊息？**「這件事不急。」但它其實很急。**

這段關係是以這本書為中心，我的夥伴想將這本書當成他們公司的行銷引擎，不但會贊助並廣為宣傳本書的線上課程，還要在他的大型平臺上推出聯名商品。我最不該做的，就是表現出興趣缺缺的樣子，而急迫性正是我們傳達重要性的方式。

野草會告訴我們：「任何值得做的事情都會立刻做完，任何不值得做的事情都會被拖延到忘記。」但假如所有事情都很急，就等於沒有真正很急的事情。我們不能有上百個優先事項。如果每件事都要馬上做，一定會陷入僵局。野草用一種簡單的方法解決這個問題——它們的急迫性，**重點一直都在於「執行流程」**，而不是一組既沒有條理又各自獨立的優先事項。

前面提到的寄書就是很完美的例子。假如這件事**對我的成長流程很重要，那麼我就要立刻做它**。假如不重要，那就可以稍等。既然我的主要目標是打造多通路規模，而且還接觸到合作公司的其中一位創辦人，那麼寄書很顯然是急事；甚至此時已經是「急著彌補」了（我們會放下所有事情把它搞定）。

急迫性也會藉由溝通方式表達出來，因此這也是可能造成拖延的地方。我們不安的時候通常會溝通過度，增加修飾詞來軟化訊息。

如果以任務重要性來說，下面哪一種表達方式，更能表現出急迫性與自信？「嗨，我只是想要跟你確認一下，我們的合作案進展得如何？我覺得我們是否應該從本季開始合作？嗯，我希望事情順利，期待你儘早回覆我。」

或是：「所以我們要不要合作？星期一就要決定囉。」

後面這句更短、更直接、更重要。它的意思是：「我們如果不趕快合作，機會就沒囉！」哪一句話你會比較急著回覆？**既簡潔又直接的溝通語氣，比咬文嚼字更能夠表達我們的急事有多麼重要。**

新創公司九〇%活不過五年，因為……

退役四星上將、事業策略家巴利．麥卡夫瑞，也覺得野草般的急迫性非常必要：「交戰時，急迫的應變速度代表一切。勝負就是這樣決定的，無論商場或戰場都一樣。」麥卡夫瑞說道，野草策略對於董事與高階主管來說很實用，但它對於基層工作更為重要：「執行，就是一切。成功的事業絕不慢下腳步。」

麥卡夫瑞將軍回想起一段經歷，他曾經在某間大型金融公司設立一個財政部直營帳戶：「他們的流程還真是錯綜複雜！」可是他在嘉信理財集團（Charles Schwab）設立同樣的帳戶時卻很順利。「你要兼顧客戶和自己的急迫性。」將軍補充說道。

SaaS Academy 商業培訓中心執行長、創業家教練丹．馬泰爾（Dan Martell）也表示，急迫、如野草一般的執行力，對於他輔導的新創公司創辦人來說非常重要：「他們自然會覺得假如不快點進入市場，就會有別人搶先進入。」

職涯教練喬納森．肖伯（Jonathan Schober）告訴客戶：「值得獲取的事物不會被動發生。」並提醒他們要「以快速且刻意的行動執行它。」換句話說，就是像野草一樣。行銷專家瓦伊爾說：「公司必須要有瘋狂的急迫性才能成功。」並表示**最重要的是要激起「市場的急迫性」**，才能像野草一樣成長。

資訊網站 Failory 創辦人尼可拉斯．塞爾代拉（Nicolás Cerdeira）對於新創公司與他們失敗的原因，有著很有趣的看法。他替新創公司做了一張成功／失敗率表格，同時追蹤失敗的理由。

他觀察到**十家新創公司中，有九家在第五年會倒**，而且只有一%能達到巨大成功——像野草一樣的規模。他說：「新創公司的複合成長率一開始很慢，接著會快速擴大，因為它們撒了很多種子引誘投資人、資金和關鍵員工。」

專家和野草們都同意，急迫性要從領導者開始，擴大到團隊成員、合作者、客戶和夥伴，最後是整個領域。急迫性會帶給你槓桿作用，能夠快速推動發展，這也是讓它們產生收益，使你達成目標的不二法門。

野草提醒我們：「**任何值得做的事情都會立刻做完，任何不值得做的事情，才會被拖延到忘記。**」

野草攻勢

- 當有人提議要將案子延期，先問他為什麼要拖這麼久，並且催促他快點動起來。
- 拖延會扼殺成長、減少重要性，並且讓我們的時間貶值。
- 急迫性的基礎是知道自己時間的真實價值，它比別人願意付給你的錢高好幾倍。
- 減少溝通時的字數也能產生急迫性。越囉嗦就越不急，也就越不重要。

第八章

微軟很少創新，但修正很快

毒漆藤（*Toxicodendron radicans*）是腰果的親戚，生長於美國東北部森林地區。當地居民都熟知它的威力 —— 就算只是稍微擦到它的葉子，皮膚都會長出奇癢無比的疹子。

圖片來源：©皇家植物園受託人理事會，邱園。

野草不會大聲吠叫或咬人，也不會突然從門後衝向我們。當它們在草坪上現身時，不會威脅著要殺死或傷害人類。但我們都知道野草非常有侵略性。它只是比較安靜、隱密，而這也讓它更加危險。

動物有攻擊性時會明顯表現出來；這是一種警告，給你時間反應和防禦。野草的侵略就跟忍者一樣，既有效率又寂靜無聲。它們的行動方式不會被認出來，所以**它會在眾目睽睽下運作流程，而我們永遠看不見它們的侵略**。

思考一下毒漆藤的例子吧。我跟這個玩意兒一起長大，我知道它有多可怕。這種植物長在陰暗的林地上，雖然被描述成「藤」，但它似乎不會攀上周圍的植物和樹木。因此它生長的高度，大概等於我們夏天穿短褲時露出的腿部。

毒漆藤最棘手的武器是一種油性的有機化合物，叫做漆酚，覆蓋在葉子上，會使皮膚產生嚴重的過敏反應。只要短暫接觸一下，就會讓皮膚長出奇癢無比的疹子，這些疹子很快就會變成充滿液體的大顆水泡。這種有毒混合物很容易起化學反應，水泡破掉後釋出的液體會使疹子散布得更廣，直到大片皮膚受影響。癢起來的感覺令人非常難受，而且會持續好幾週。

這種經驗促使我們學會辨認毒漆藤，並避免與它接觸。然而毒漆藤並不是存心要讓人類過得很痛苦，它只是在保護自己。它不想被打擾，因此發展出效果極佳的機制，以避免被破壞。

漆酚既激烈又持久的效果，也算是一種深度侵略。毒漆藤不會吠叫，但我們很快便學會不要惹它。而這種侵略形式，正是野草希望我們用在商場上的。這種侵略既是一種邁向勝利的運作流程，也是一種態度：**永遠不讓競爭者有機會反應。他們要等到被打敗時才知道自己被打敗了。**

侵略就是把急迫化作行動

觀察野草時，我們並不會覺得它有任何動作、威脅或侵略的感覺。即使它們看起來幾乎沒有在動，但野草行動的速度很快——迅速成長、散播種子、創造集體規模。這就是它們侵略方式的天才之處：我們看不見侵略，但侵略正在凶猛進行中。

我們真正見識到的，是急迫性所產生的效率，百分之百化作行動。沒有多餘動作、沒有分心、沒有因為情緒而耗費精力或專注力。正是因為野草積極執行它萬無一失的流程，才能在領域內獲得壓倒性的成功。

在上個章節，我們審視了急迫性這個特質，它能傳達任務的重要性與時間價值。急迫性是一種力量，用來引導我們的行動，但它也會影響別人，使他們為了我們積極行動。我們需要他人的投入、幫助或合作，而且希望消除所有拖延交易的因素。

但**侵略可以完全由自己包辦**。它的意思是，我們每個人都要把自己的急迫化成行動。用自己的流程、極高的效率以及野草般的隱密，把事情搞定。

我在第六章描述了我與後院那片喜馬拉雅黑莓的戰鬥。無論我做什麼，它們都能夠一直捲土重來。它們不但展現了堅持不懈，也展現了急迫性與侵略性。它們**一旦遇到挫折，就會立刻動手重建受損的基礎建設**。顯然這就是它們最優先的事項。修復損害是急事，因此它們積極執行自己的流程。

樂觀、堅持不懈、急迫性和積極性，這些特質緊密交織。我們知道它們彼此相關，也了解自己必須樂觀、堅持不懈、急迫、積極進取，才能在商場上成功。我們整天都聽到別人這樣講。但從來沒人跟我解釋，這些特質怎麼優雅的配合在一起，就像野草一樣。

以下是野草告訴我們的：

隨機應變，不要等到事情如你所願、或覺得必須完全準備好才行動。讓你的行動引導情緒，解放所有潛力。接著利用堅持不懈、急迫性與侵略性，專注於使你獲勝的事情（你的流程）。

你執行時要凶猛，但也要隱藏行蹤、出其不意，這樣你的競爭者永遠都不知道自己正在潰敗，直到為時已晚。將自己徹底化為野草。這就是野草心態的交織本質。

還有兩種特質要加入這個組合：靈活的適應力，讓我們面對破壞性挑戰時，有彈性調整流程；異樣的韌性，讓我們有能力面對任何挑戰並且克服它。但我們還是先聽聽專家對於行動侵略性與隱密性的驚人效用，有什麼想法。

麥卡夫瑞將軍認為野草般的侵略性，跟軍隊的職業道德很像：「交戰中的軍隊，遵守職業道德的程度簡直令人難以置信。為了把工作做好，他們願意犧牲性命，而且每天只睡三個半小時、吃兩餐。」麥卡夫瑞說，真正可怕的侵略性，來自於對組織與其使命的無限承諾。

商業戰略家瓦爾德施密特認為，成功人士都有破釜沉舟的決心：「人們假如在邁向偉大時退縮了，他們就永遠不會偉大。」新創策略家沃爾夫指出，共乘平臺 Uber 就是在市場發揮可怕侵略性的最佳範例：「這是它們DNA中的一部分。它們不在乎自己破壞了誰。它們對每個人都有侵略性——社群、監管機構，尤其是現有的競爭者。」

不用成為微軟，和它綁在一起就好

軟體公司 Nimble 創辦人喬恩・費拉拉（Jon Ferrara）則認為微軟隱密的侵略性很神奇：「微軟不會創新，但它們會反覆改良，執行速度很快！」**Nimble 的產品和微軟的 Office 365 綁在一起賣**，所以前者享有明顯的優勢，而微軟是其種莢策略（見第十二章）的一部分。

使用者在 Office 365 **就能簡單開啟新的 Nimble 帳號**。費拉拉藉由這種方式，**展現出「野草般隱密侵略性」的典型執行方式**。他設法與微軟建立夥伴關係，這個舉動使其競爭者難以匹敵。而且他們很可能永遠不知道自己已經被偷襲了。

品牌成長策略家伊恩．里斯．帕默（Ian Rhys Palmer）認為，侵略性就像在混凝土中尋找空隙。他說許多客戶會選擇以其他品牌的競爭者來形容自己，帕默則建議客戶在建立企業品牌時，應採取更具侵略性的方法，也就是把**重心轉移到客戶身上**。「**傳達訊息時應該要說到痛處**。這種訊息就會像野草一樣散播，促使受眾行動。」他說道。

廣告專家班尼特補充：「野草運用流程，而不是計畫。它們發射一大堆種子進入市場，這些種子不知道它們會在哪裡落地，但它們不在乎。無論如何，野草都知道它們的流程會非常凶猛的散布出去。」

新創公司創業家吉姆．帕克（Jim Pack）則將侵略性視為進化，就像非洲的野生動物：「生活是很嚴酷的。所有事物都帶有惡意——植物、昆蟲、動物。或許環境形塑了我們的進化，使我們更像野草、更具侵略性。」

《激進創新的新科學》作者蘇妮．賈爾斯博士覺得侵略性就是鬥志旺盛，她說：「野草沒有什麼營養。它們只要極少的資源就能把事情做好。它們必須有侵略性才能茁壯成長。」

環保主義者、慈善家瑪麗蓮・海曼（Marilyn Heiman）也以野草的觀點，將侵略性視為達成目標的方法，她回憶道：「有次我在咖啡廳遇到一位將軍。我先感謝他為國家的貢獻，接著才自我介紹。」然後她將自己想了解的事情告訴他。「許多人只會發脾氣、提出許多要求，但這樣反而是死路一條。全看你的嘴巴要甜一點還是酸一點。」

瑪麗蓮說她的柔軟態度使她得以成功，這難道不像野草的侵略性嗎？**採取行動時要急迫，但務必照著流程走**。如此一來，在競爭者察覺你的侵略（或知道誰在攻擊他們）之前，你就已經贏了。

野草攻勢

- 毒漆藤的化學防禦機制，就是野草般侵略的例子；只要碰過它一次就再也不敢了。
- 野草般的侵略性並沒有顯露在外，而是應用於流程執行。
- Nimble 出色的流程執行力，是隱密侵略性的模範。
- 野草運用流程，而不是計畫。計畫容易被破壞；但流程可以應用於所有情況。

第九章

有計畫，還要有能變化的計畫

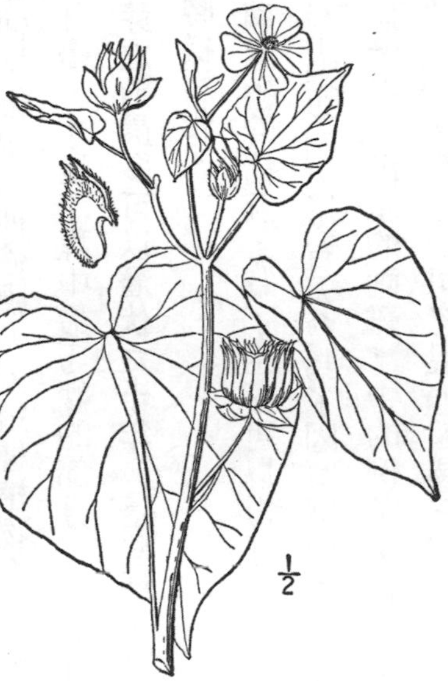

苘麻（Abutilon theophrasti，苘音同「請」）會入侵農田、果園，以及其他翻動過的土壤，並且快速長高到足以妨礙玉米、大豆與棉花等需要陽光的農作物。每株苘麻最多可生產 17,000 顆種子，就算埋在土裡 60 年都還是能夠生長。如果營養充足，它會延長開花期，生產更多種子。

圖片來源：©皇家植物園受託人理事會，邱園。

適應力似乎有兩種形式。其中一種，是我們合理預測到會發生破壞，所以事先準備——例如擬定計畫，減緩下次經濟衰退的影響；或是修築堤防，防止下一次洪水。然而，真正意想不到的大災難，就像尖銳的木頭一樣，以措手不及的速度冒出來——假如你坐的是充氣小艇，遇到這種意外可就難受了。

苘麻示範了如何準備第一種適應力。這種植物會生產許多種子以確保連續性，但它們的活化計畫，才是流程中最巧妙的部分。苘麻種子會運用極端的策略性時機：它們**在發芽之前最多可以潛伏六十年**。這些種子甚至能夠**感應到地面上的情況，選擇最佳時機活化**。

這讓苘麻能夠適應極端情況，為了生存可以撐好幾十年。這就像為了緊急狀況存了一大筆錢，只不過我們很少有人會為了因應破壞，而持續準備六十年之久。

我們在第四章思考過《創新的兩難》中的例子。在書中作者描述的兩難是：破壞性新科技會被又大又官僚的公司忽視，因為它們還無法獲利、沒有資料可以評估，或它們沒有滿足大客戶的核心需求。

克里斯汀生建議我們設立分公司、將創新引進市場，進而保住母公司的市場定位。假如你是伊士曼柯達，這個建議還滿有道理的；這家公司的工程師無意間發明了數位攝影，卻被公司忽視，結果它在底片市場的主導地位就毀了。

克里斯汀生分析道，他們真該注意到這件事，然後設立一家分公司來發展數位攝影。但就算這樣做，**當下一次革新發生時**——我們的手機變得既能照相又能錄影，而且可以放在口袋裡——**他們還能準備好嗎？**

我不覺得。我也不認為計程車公司會突然接受手機 App 的共乘服務。他們的日子已經太平淡無奇、太壟斷，我不覺得他們會在後照鏡中看到 Uber 和 Lyft 的追趕，直到為時已晚。他們就像充氣小艇，而 Uber 是潛伏於水中的木頭。

克里斯汀生建議我們在對付這些木頭時，參考伊士曼柯達和其他公司。但我建議直接研究野草對於 Roundup 除草劑的靈活反應。世界各地的農田都不斷被野草攻擊，農夫全副武裝、嚴陣以待，想要保護自己的地盤，但他們還是可能會輸掉這場戰鬥。

如果你用過 Roundup，你就知道這玩意兒對植物有多麼致命。迅速噴一下然後等個幾分鐘，一株野草就會變成枯萎的空殼。這個東西可不是在開玩笑。

有趣之處在於，越來越多具侵略性的野草物種，都迅速適應了除草劑。加拿大蓬的種子可以從母株飄揚到數百英里之外，它在過去十年內就已對其免疫。糙果莧則只花了四年，而且農業用的除草劑有將近七五%對它無效。

野草透過流程達成此等壯舉，這套流程是以因應威脅與挑戰為優先。**當存在受到威脅，它們的流程會專注於迫切適應新局面，並創造出解決方法。**

伊士曼柯達假如適應了智慧型手機革命這根潛伏於水中的木頭，它現在還會在攝影界占有一席之地嗎？或許新的機會是小型化相機零件，而不是底片、甚至數位攝影。

或許計程車公司可以團結起來，打造自己的平臺，但他們還是得處理糟糕的顧客服務評價。這會是很困難的過渡期，但另外一種做法就是我們現在看到的：相較於新進者提供的運輸機會，他們只能提出過時且無關痛癢的解決方案。

假如野草從事計程車或攝影事業，它們應該早就搞定了。它們會快速適應，並且持續運作自己的成長流程。

外帶與外送——適應疫情的突變

科學家告訴我們，**野草會藉由隨機突變來適應除草劑的威脅**，而能夠產生免疫力的突變就能通過天擇考驗。但我覺得它們的流程就已經內建了適應力，它們有計畫的避開威脅以求生存，突變只不過是計畫的一部分。

野草的集體智慧，似乎已經進化成一種靈活的姿勢，總是能夠保持平衡，並且隨時準備好轉舵以面對挑戰。武術家也是這麼做。他們出招時，每一招都在實踐平衡，所以他們可以隨時從任何方向發動攻擊。我認為野草對於任何變化或威脅都能維持適應力，帶有忍者般隨時警戒的味道。

因此，適應力成為任何流程的關鍵部分，讓我們的流程能夠隨著挑戰進化而進化、面對我們的處境，並且隨機應變。**適應力就是我們因應任何破壞的能力。**

在新冠肺炎疫情期間，我們見證了許多行業應用了野草般的適應力、迅速進化，以及天擇等作用；封城與歇業對世界各地的產業造成極大壓力，但有些人卻仍然往前衝。當餐廳發現他們平常做生意的方式（客人坐在擁擠的餐廳內或是人行道上的用餐區）必須暫停，有許多老闆乾脆就不做了。**但腦筋靈活的老闆，很快就改成外帶與外送服務。**

迅速轉舵的餐廳老闆，就是站穩腳步並準備迅速進化。**他們發現自己必須以新的方式聯繫顧客**，於是迅速轉舵，利用數位行銷來尋找並影響他們的市場。他們理解老主顧的需求與擔憂，並且比競爭者更快適應。

同樣是封城期間，餐廳遭受巨大的破壞，派樂騰、Zoom、亞馬遜等公司卻得到絕佳成長機會。員工突然必須在家工作後，社會產生關鍵的變遷，促使我們接受在家工作和在家上課、退掉健身房會員改為在家運動，並且在家購物。但是爆炸性成長也是一種破壞，如果沒有同樣的靈活適應力，可能會使事業快速倒閉。

二〇二〇年，Zoom的利潤超過三三〇〇％，它的市值為一千億美元、超過福特汽車、通用汽車、美國航空與聯合航空的總和。它的服務包含免費和付費帳號，再加上流量增加，讓公司該年的預期收益從九億一千萬美元暴增至二十四億美元，翻了兩倍多。但這家公司很快就發現，這種成功也有不利因素。

Zoom很快就成為駭客的目標，服務遭到中斷，迫使它必須快速反應，關閉安全漏洞並強化基礎設備。學校機關本來因為色情圖片會突然出現在聊天室，因此放棄了這項服務，不過等到他們的課程受到保護之後又恢復使用了。而且這項服務已成為全世界視訊會議服務的首選。

在所有案例中，茁壯成長的公司都會用野草般的適應力，因應它們遇到的破壞。它們不帶情緒，而是隨機應變，並且比其他人做得更好、更快。它們維持平衡的姿勢，隨時隨地準備對付任何破壞。

計畫不夠，還要能變化

《你的客戶就是我的客戶》（*Eat Their Lunch*）作者、人才招募創業家安東尼．伊安納里諾（Anthony Iannarino）說道：「大家都希望團隊中有足智多謀的人才。」伊安納里諾解釋，這種適應力與創新，應該一直灌輸在公司文化中。他舉了一則故事當例子：一位技師向公司提出簡單的建議，將螺絲直接固定在冰箱產品的背面，這樣他工作會快很多。他說道：「並非所有人都是以賺錢為動力。許多勞工只希望自己的貢獻能被珍惜、信賴與認可。」

創投資本家艾絲特說，適應力與學習，就是行動的本質：「人類會培養不是野草的植物，它們會成為人類想要的樣子。但野草適應的是自然環境，而不是人類的欲望。」會計軟體服務公司MYOB的行銷長丹尼爾．韋斯特（Daniel West）補充：「**有計畫不夠，還要有能變化的計畫。**」

市場研究公司創辦人迪奇說道：「適應力是被動還是主動？兩者皆是。野草在事情發生之前就會察覺警訊。當它們面對 Roundup 之類的除草劑，它們的根部就會抵消除草劑的效果。野草就像山楊樹，全都是同一個有機體。它們會一起行動並幫助彼此，這就是它們適應的方式。」

迪奇說新創公司領域也一樣：「假如現有競爭者願意創新、並捍衛他們的地盤，創投資本家就會避開那個領域。」他很好奇，假如計程車公司團結在一起、推出自己的平臺，會是什麼樣子？

蘇妮博士表示，適應力對野草非常重要，所以它們改變DNA的能力已經進化了。「它們改變DNA以抵抗除草劑。環境改變越多，它們就進化越多。」

費拉拉則表示，我們對於市場條件的初期假設通常都是錯的，**一旦知道了真實需求是什麼，適應力就是滿足需求的關鍵**：「我們以為大家會用 Nimble 的產品儲存資料，結果大家都習慣用收件匣，於是我們打造平臺，以適應使用者的作業方式。樂觀、堅持不懈以及靈活的適應力，讓我們得以生存。」

《銷售心態》（*A Mind for Sales*）作者馬克．亨特（Mark Hunter）表示，有些公司會遵循一種唱反調的適應方法，更刻意以優越的作業敏捷度回應競爭者。微軟就採取這種方法，經常在新的類型拔得頭籌，並且以優越的作業執行力消滅競爭者。

亨特指出：「麥當勞對於許多變化的反應都很慢，但它們會追上。它們太慢開始全天供應咖啡、早餐、健康食物，也太慢推出 App 以淘汰得來速，但它們最後也懂得因應現實，持續其主導地位。」

無論形式為何，**適應力都是讓流程隨著情況改變而進化的方法**。有時候是你破壞別人，也有時候是你被別人破壞。野草的流程已經有數千萬年歷史，蘊含的智慧深度令人難以想像，而這也包括迅速適應新情況。

健全的流程，加上平衡的姿勢與隨時警戒，培養出靈活適應力的關鍵要素。這就是野草流程的關鍵特性，讓它們能夠茁壯並勝利數百萬年。

野草攻勢

- 有些破壞可以預測，像是季節性經濟衰退，這可以事先計畫。
- 新冠肺炎封城期間，餐廳必須快速轉舵，從室內用餐變成外帶與外送的營運模式。
- 適應力與學習，就是流程的本質。
- 有些公司的反應比較慢，卻透過優越的執行力後來居上。

第十章

墜落的火箭，證明了馬斯克的韌性

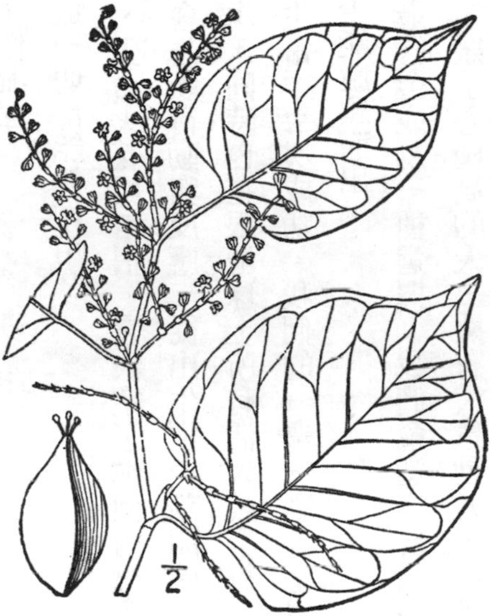

虎杖（*Reynoutria japonica*）於 1890 年代在北美與歐洲被當成裝飾性植物來珍惜，小心翼翼的種在美麗的花園裡，但它很快就露出本性——它幾乎無法根除，任何沒清到的碎片碰到土壤，就能發芽長出新株。

圖片來源：©皇家植物園受託人理事會，邱園。

骨氣、毅力、決心、自我激勵、堅強、凶猛、堅毅、強勢、頑強……韌性有很多種說法。在第二部中，我們已經審視了幾個讓野草能夠支配其空間的關鍵特質。樂觀是我們的燃料；堅持不懈是流程的油門；急迫性、侵略性與適應力，幫助我們凶猛而強烈的運作流程。

不過，是什麼讓這一切都能夠作用？

韌性是你的本質、生命火花與自信。它決定了你面對機會、挫折，以及任何可能遇到的狀況時，會怎麼行動與反應。從出生那一刻開始，我們就在跟所有生物競爭空氣、食物和水。同時也在跟地球上所有活人競爭每一塊錢、每一次向前邁進的機會，以及人生當中每次成功。我們的一舉一動都是以韌性為動力。它決定了我們在人生中是否能脫穎而出。

它不是行動，但最終會成為一種選擇。我們會選擇自己要成為什麼樣的人，以及我們的競爭心態。競爭心極高的人，擁有大量動力，並且對於自己的成果有著堅定不移的正面期待；這些人會飛黃騰達，其他人則落在他們腳下。

所有野草都很有韌性，但虎杖或許是它們之中最堅強的。虎杖最初是在一八〇〇年代末期進口到北美與歐洲，有錢人用它點綴花園，但它很快就洩漏自己的本性。虎杖可不是文人雅士種出來的嬌嫩花朵，它是一頭蠻牛。

屋主馬上就發現，虎杖的根很快就生長到失控的地步，先是往下延伸，接著往兩側越過花園柵欄、地界，甚至從下方繞過道路。所以園丁自然會把長太多的地方挖起來處理，但他們也因此發現了虎杖最陰險的詭計。

這種植物從土裡挖出來之後，想擺脫它的唯一方法就是燒掉它。假如只是把它堆起來、甚至磨碎，**任何接觸到土壤的碎片都會長出新株**。想當然耳，也沒有辦法完全除掉所有的根，所以虎杖一旦出現之後，就賴在那裡不走了。

虎杖完美的示範了什麼是發揮韌性。這種植物的DNA天生就是既兇猛又堅韌，而這也決定了它的其他特質。它肯定豪爽又樂觀；喜歡漫遊與探索；一定堅持不懈又積極進取；行動也帶有急迫性與適應力。但它並非自己下定決心要這麼做，**因為它不必做決定。這一切都內建在它的流程中**。

墜落的火箭不是失敗，只是移民火星的必要流程

假如虎杖是植物界中異樣韌性的鮮活例子，那麼馬斯克、傑夫·貝佐斯（Jeff

Bezos）與史蒂夫・賈伯斯（Steve Jobs）就是我們這個時代的虎杖。賈伯斯帶給我們 Mac、iPod、iPad、iPhone、iTune，以及皮克斯（Pixar）的電影《玩具總動員》（*Toy Story*）、《海底總動員》（*Finding Nemo*）、《怪獸電力公司》（*Monsters, Inc.*）等，然而他也遭遇過許多次失敗和挫折。不過，他有著異樣的韌性。

賈伯斯與別人共同創辦了蘋果，九年後卻慘遭開除，這件事眾所皆知。後來他創辦了 NeXT，為個人電腦做出重大貢獻，但從未達到他想像中的顛峰（或市場）。他推出幾項產品，對蘋果來說是徹底的失敗，包括 Newton 與更早期的 Apple Lisa、Apple III 以及 Macintosh TV。

但我們並不會認為賈伯斯是失敗者，因為他創造了太多著名且改變世界的成功紀錄。賈伯斯總是從失敗中學習，因此**他每次捲土重來都越來越強。韌性就是這一切的關鍵因素。**

如果他沒有想要脫穎而出的意志、沒有願景（用個人電腦提升人類生活）、不相信自己正是那個帶來這一切的人，那麼這一切都不會發生。賈伯斯的韌性是他每一步的動力，每次跌倒後都會站起來拍掉灰塵，讓自己走得更遠。

如果馬斯克可以達成他的夢想，人類很快就會成為在宇宙飛行、居住於多個星球的物種。我們的交通，以及家用能源生產、使用與儲存，將不再依賴石油。他已經顛覆了太空產業——可重複使用的火箭、維修人員、貨艙，都已經大幅降低成本。不久之後，星艦（Starship）在幾分鐘之內，就能將貨物與乘客載到全球各地的遙遠城市，甚至是載到火星和月球，為人類展開探索。

這些目標都很大，因此我們已見證馬斯克經歷一次又一次的失敗。我們都很熟悉獵鷹九號（Falcon 9）推進器降落的壯觀鏡頭。但它們也好幾次都降落失敗，最後摔個粉碎。有整整三年，火箭每次發射後都失敗，但是在二〇一五年，馬斯克的 SpaceX 公司終於成功降落了一座推進器，接著在二〇一六年順利在海上回收船降落了一臺無人飛船。

這表示公司損失了價值數億美元的裝備，但**他們從來不覺得這是挫折**。這些裝備只是馬斯克做出好東西之前的**必要流程而已**。獵鷹九號推進器伸出腳來著陸的印象，已經成為人類科技進步的象徵。

這些損失也說明了馬斯克的韌性有多強。沒有事情會令他沮喪，所有挫折都被接納為流程的一部分；沒有事情能夠動搖他實現願景的信念。他心想事成，但這可不是魔法。這一切都是因為他對於自己的願景，以及實現願景的能力，有著不可動搖的信念。馬斯克可以做任何事情。而且正如我們所見，他是對的。

貝佐斯也已經應用了極高的韌性，以及改變世界的願景。身為亞馬遜的創辦人與執行長，他完全改變了零售業的景象，以及數位行銷、全球供應鏈、商用／零售不動產市場。就跟賈伯斯創辦蘋果一樣，貝佐斯從車庫創立小事業，目標則是成為世界上最大的書商，而且是百分之百線上購物。

這個目標真大膽，尤其它還是從小車庫開始做起，但貝佐斯認為它終究會實現。那時沒有人會在網路上買東西，因為人們認為在網路使用信用卡交易並不安全，而且當時的書店龍頭巴諾（Barnes & Noble）經營了將近一千家店面與幾個副品牌，包括 B. Dalton 和 Bookstop。

然而貝佐斯並沒有退縮，他相信線上銷售將會大幅超越實體店面。他原本只賣書，後來逐漸變成所有零售商品都賣。從此開始，亞馬遜開創了一些先例，後來都變得普及，包括聯盟計畫、一鍵訂購，以及小型事業的整套店面生態系統等。亞馬遜簡直就像野草一樣擴散，目前或許還是新冠肺炎突然破壞世界經濟後的最大受益者。

世人本來認為網路對商業來說不安全，但亞馬遜把它轉型成一種通路，你幾乎可以挑選並買到任何零售商品。想像一下，**貝佐斯對於自己的願景、能力與世界地位，所抱持的能量、耐心，以及難以理解的深度信念**。他是現代史中展現韌性的最佳模範之一。

他不在乎自己是否失敗，總是有機會可以學習與成長。假如亞馬遜沒有失敗過，貝佐斯就知道他跟他的團隊並不夠努力嘗試。他知道他們冒的風險還不足以讓自己遙遙領先。

巨大的韌性來自於頻繁的失敗，這不是很有趣嗎？有韌性的人絕不讓失敗定義他們，反而將失敗視為成長與學習的機會。他們**將失敗視為巨大收穫之前的必經過程**；對於新突破的追求，一直都是以願景與自信的深度承諾為動力。

韌性就像即興表演，接受現實才能發揮

即興喜劇的首要規則，就是千萬不能反駁你的搭檔。他有可能會說出最蠢的一句話，可能關於你或是其他任何東西，而你有義務要附和他，然後比他更胡扯。每位參與者都假裝附和，故事就會越來越荒謬，也越來越好笑。

這似乎也是韌性的法則，只不過**韌性的重點在於認同現實**。野草不斷提醒我們，重點在於現實，而不是我們希望或覺得有權利做的事情。無論現實是什麼，韌性都會使我們立刻接受它——並且認同它。不只如此，還會直接跳到這種心態：「好吧，沒關係。至少我知道為什麼會這樣了。」

你可以把它想成「韌性的即興發揮」。這是一種練習，讓我們能夠把挫折化為「好吧。我知道為什麼了」，藉此獲得全新層次的勝利。野草會認同這種方法，因為它們也提醒我們，**任何關於成長、競爭與獲勝的行動，都要排除情緒**。

野草會說：「韌性是程序的一部分，對我們而言是自動的。但對你而言，這一切都是你的選擇。」韌性是一種選擇。無論發生什麼事都要茁壯成長，克服萬難取得勝利，正面看待失敗、因為它必定有好的一面——這一切都是選擇。野草會告訴我們：「這非常簡單。選擇成為有韌性的人，繼續推進你的流程。繼續做會讓你贏的事情。」

在野草心態的所有特質之中，韌性是最引起人們共鳴的，尤其是本書訪談的對象——它們都是最卓越的專家、策略家與名人。裴卓斯將軍、麥卡夫瑞將軍、凱西、奧運教練泰瑞・施泰納（Terry Steiner）、菲斯克、馬泰爾等人，在檢視韌性的本質時都興奮了起來。他們所有人都明白韌性在成功之道中所扮演的角色——對於自己的使命，以及完成使命的動力，抱持著不自然且不合理的信心。

毫不意外，兩位四星上將都立刻附和了韌性的重要性。身為軍事指揮官，面對危險、甚至損失時保持堅強，才能打贏戰爭。

先失敗一次再說

「聰明的人很常見，所以不能這樣鑑別人才。」麥卡夫瑞將軍表示：「重要的是，當有艱困的事情必須完成時，我可以指望你嗎？」他也指出，**極高的主動性是韌性的構成要素之一**：「你想要的人才應該會說：『你不需要給我指示，我可以發現需求。』許多人就是辦不到這一點。」

裴卓斯將軍補充：「擁有野草一般的徹底決心，是領導者的巨大資產。但我們必須一直都是現實主義者。事情可能會變得很艱難，但艱難並非絕望。」裴卓斯說，策略領導人跟營運領導人不一樣，前者的責任是持續修正自己的構想：「如果你是負責人，你就必須一再重新審視那些大願景。」而這需要韌性。

美國女子摔角奧運代表隊教練施泰納說，**韌性是高階競爭的關鍵成功因素**：「當你把一個搗蛋的小孩趕出去後，一回頭就會看到她站在門廊，接著你再看一次，她就更靠近門口了。她不會放棄。這就是會成功的孩子！」

他回想起自己在農場長大，那裡就有許多野草：「它們會生長在最意想不到的地點、最嚴酷的情況，而且總是第一個重新站起來的。大多數人都辦不到。他們會因為阻礙而分心。」

汽車創業家菲斯克也曾經失敗過，但是失敗總是令他變得更強，他說：「野草被割掉的時候，你以為它消失了，但其實並沒有。」菲斯克也一樣，找出新的茁壯與破壞之道，然後重回市場：「我們跳脫框架思考，創立一家全新類型的汽車公司——數位汽車公司。這就像野草在混凝土中找到一道裂縫，並且特立獨行。」韌性很顯然是菲斯克策略的一部分。

對於創業家教練馬泰爾來說，韌性是他評估新創公司和創辦人時最重要的因素：「**我在尋找曾經慘敗卻反敗為勝的創辦人**。一位游過一大片水域獲得自由的創業家。這才是我在找的人。」他指出大多數新創公司都是從一個概念開始，最後做出截然不同的東西。貫徹一切的勝利因素，就是創辦人與團隊的韌性。

創業家帕蒂則認為韌性（與成功），取決於你對於失敗有多大的容忍度：「你不能什麼都怕。你必須有自信能夠失敗得夠多，最後你就會成功。」

許多想創業的人不斷帶著自己的構想來請教帕蒂，因為他們對成功機會感到不安：「我都會告訴他們，**先失敗一次再說**。」他繼續補充：「停下來的人才會真正失敗！」放棄並不是選項。韌性才會讓我們繼續做下去。

我們在第二部審視了野草心態的六個特質。野草沒有大腦，因此也沒有情緒或個性。雖然沒有大腦，但它們有同樣強大的東西：內在程序，基於它們千錘百鍊的流程，以及集體智慧。

野草會立刻執行流程，毫不遲疑、團結一致、非常凶猛。它們無論做什麼都有目的，並且是為了集體的利益。它們是一支軍隊，出征準備要大開殺戒。它們在自己的環境中與所有生物競爭，而且會在那裡成長、拓展、支配並捍衛自己的地盤。

野草的任務非常嚴肅，哪怕與微風吹拂的美麗花朵與茂密樹林，出現在同樣的地方。它們正在運作人們幾乎察覺不到的流程，並且以極快的速度行動，擊敗它們周遭所有事物。

這就是野草的心態。這一切聽起來很偏激，但它是刻意設計的。野草的心態天生就很極端。假如我們希望自己的事業能夠真的像野草一樣成長，野草會懇求我們加入它們的行列。這就是它們在第二部分享其行為準則的目的。請認真看待它，並運用它執行你的凶猛流程。

野草攻勢

- 韌性是野草心態六個特質中的頂點。
- 賈伯斯將失敗（與韌性）視為一種學習、成長和成功的方法。
- 馬斯克非常公開的展現他的測試流程與失敗，讓 SpaceX 能夠進展到太空飛行、可重複使用太空船這個既神奇又前所未見的領域，並且大獲成功。
- 「野草被割掉時，你以為它消失了，但其實並沒有。」這就是韌性。
- 「先失敗一次再說。」這就是韌性。

第 3 部

八大策略，以小搏大

野草八大策略

（W.E.E.D.S.模型）

種莢策略
種子的乘數；進入市場、曝光、破壞、支配與拓展的捷徑。
種子策略
活動與話題、構想、創新、迷因等……為他人創造想法與意圖，使他們想與你做生意。
帶刺策略
先打擊士氣再擊敗敵人；營造氣氛，阻擋並恫嚇所有競爭者。
分割策略
防禦性策略，在遭遇災難性挫折時控管損害。
藤蔓策略
借用別人的基礎建設，主宰市場地位。
葉叢策略
製造不平等優勢，扼殺並消滅競爭。
土壤策略
處理內部因素，產生有利條件，以求成長與穩定。
生根策略
培養人脈、資產、流程、市場地位。

第十一章

觸及率如何極大化——種子策略

糙果莧（*Amaranthus tuberculatus*）是侵略性極高的物種，近年來已經入侵了北美各處的農地。每株糙果莧最多可生產 480 萬顆種子，確保它無論在哪裡落腳，都一定能待著不走。

圖片來源：©皇家植物園受託人理事會，邱園。

難搞的野草很多，但沒有比糙果莧更激進的野草。它是北美農地近期的不速之客，已經狠狠的落地生根了。短短四年內，糙果莧已經迅速發展出對於Roundup的完全免疫力，農夫幾乎沒有什麼方法可以根除它。不久之後，它就會對所有農業除草劑免疫。

更可怕的是它的種子產量。每株糙果莧最多可以生產四百八十萬顆種子，每顆種子的直徑約為一公釐。它們沒有絨毛能在空中飛行，但數量非常多，而且小到可以跑進任何東西，包括農夫的機器。**巨大的收割機也成為它們的主要散播機制之一**；此外還有許多水禽會吃掉種子、再四處排泄它們。微小的種子會隨著流水行進——或者留在母株周圍的土壤，確保糙果莧不會離開領地。

糙果莧是一年生植物，意味著每株糙果莧從出生到死亡的週期只有一年，因此**它會急著大量生長**。迅速進化也是其計畫的一部分，讓它可以避開農夫的除草劑與其他威脅。

這一切都是因為糙果莧以生產種子為最優先事項。蒲公英的生命週期為五至十年，期間生產一萬五千顆種子。它們的種子具有絨毛以及高機動性，會隨風四處飄揚，也因此能夠迅速散播。現在想像一下，將蒲公英的散播力乘以一千五百倍，你就知道糙果莧釋放的種子，就像壓倒性的旋風一樣，可以征服所有競爭者與挑戰。

我選擇這個物種作為本章開頭，原因在於：它是種子策略中最極端的例子。它示範了種子的絕對力量，足以壓倒市場、競爭者與任何成長阻礙。

索爾茲伯里爵士是二十世紀的著名英國植物學家，於一九四三年至一九五六年間擔任邱園皇家植物園（Kew Royal Botanic Garden）園長，他寫了許多關於野生植物與園藝植物的書籍，受到眾人喜愛。他認為植物的所有方面都很迷人，但他對種子特別有興趣。

博物學家達爾文也很著迷種子，說它們是大幅加速進化的例子，而索爾茲伯里非常尊敬他。索爾茲伯里花了二十五年，研究兩百四十九種植物種子的產量與天性，計算了五十萬株植物的種子並為其秤重。他的心血化為一本著名的書籍：《植物的繁殖能力》（*The Reproductive Capabilities of Plants*），裡頭介紹了一項有趣的研究——種子的機動性，以及它們產生的策略性效果。

他在實驗室內架了十英尺的梯子，從上方拋下各種種子，並計算它們下降的速度。他提出了一個假設：下降速度越慢，擴散範圍就越大。他發現醉魚草的種子（配備有直升機螺旋槳一般的翅膀），只花了兩秒就落到地面；蒲公英的近親——歐洲千里光的種子，花了八秒落地；款冬（Tussilago farfara）的種子飛了大約二十一秒。柳蘭的種子則在空中飄浮了將近一分鐘。

有些種子會隨風飄揚，有些種子則會搭動物的便車——附在牠們身上、或被牠們吃進體內。鳥類會吃莓果和種子，並在飛行期間將完好如初的種子隨糞便排泄出來。有些種子附有黏性的細絲或倒刺，會趁動物經過時纏上牠們的毛皮。流水也可以將種子帶到數英里遠，而有些種子會透過爆炸性的行動來散播。

野草使用巧妙的方法與設計，**大規模散播種子、迅速拓展領地**。這正是我們必須為自己的事業做的事。

散播壓倒性的種子：產品、行銷、迷因、概念……

我們現在的任務就是**打造強力的成長流程（專屬自己的流程）**，藉此將凶猛的野草心態應用於商業執行面。到目前為止，野草告訴我們要隨機應變，並且讓行動引導情緒。它們已經強調，如果想打勝仗，我們的執行面就必須既大膽又有韌性。野草已經指出方向，讓我們可以打造自己的凶猛流程。

野草傳達的訊息既直率又簡單。W.E.E.D.S. 模型的第一層——種子策略，它們傳達的訊息是：

> 散播壓倒性數量的種子，為你的事業帶來極度不平等的優勢。

在W.E.E.D.S. 模型中，**種子是指任何能夠影響他人意圖、使他們與我們做生意的東西**。包括產品、服務、創新、發現、迷因、社群與傳統媒體、聲譽、社會運動、構想、概念、設計、口耳相傳、文章、演講、書籍、行銷、提案、魅力、故事、時機、試用品、禮物、訪談、思想領袖、體驗、顛覆市場、病毒式內容、傳福音、內幕消息、電子商務、慈善事業、人際關係、推銷電話、顧客話題與評價、Podcast 與部落格、線上課程。

大多數活動看起來像在行銷和銷售，實際上卻既枯燥又沒啟發性。我們看到許多業務代表，使用程式自動發出聯繫要求，以及**公式化的電子郵件，完全無法觸動潛在顧客的心**。大多數廣告都無法使我們採取行動。**它們只是討人厭的背景**

噪音，對任何人的生活都毫無價值。

如果野草是行銷人員，它們會告訴我們要更大膽，讓我們對顧客和市場做的每件事，都有著深刻的價值。野草告訴我們，要讓自己的魅力達到競爭者無法匹敵的程度。這樣才能讓人們談論、思考，並且準備行動。這樣才能讓人們對你本人，以及你提供的東西感到興奮，也才能產生會傳播的行銷。

大膽、魅力、見解——種子的翅膀

假如要照著野草的例子來做，那麼在我們的世界中，什麼東西相當於種子的翅膀？什麼東西能為故事、構想、產品、推銷電話、創新，增添特殊用意，或更扣人心弦的本質？我們該如何避免生產只落地、卻不在市場傳播的種子？

想想看**那些最棒的故事、創新、產品、禮物、試用品**，以及其他你遇過的行銷種子。**它們脫穎而出的原因是什麼？**哪些故事或產品，曾經啟發你跟別人討論它們？

有三個關鍵特質，會使人對行銷刺激因素產生反應：**大膽、魅力、見解**。如果一個概念、一篇文章或一個活動包含上述三者之一，它就會引起我們的注意。如果它包含兩個或三個因素，人們就會忍不住一直談論它。

我很幸運，這種效果我見識過好幾次。我甚至還寫了一本書探討這件事，結果被封為聯繫行銷之父——這種行銷形式把三個因素都用上了，效果非常好。

聯繫行銷會運用焦點非常精準的活動，與最頂級的公司聯繫，藉此改變我們的規模。這些活動真的很大膽！過去有個活動是花一萬美元在《華爾街日報》刊登全版廣告，想接觸到甲骨文的創辦人埃里森。這個活動帶來了三億五千萬美元的銷售額，以及三五〇〇萬%的ROI。另一個活動花了二十八美元買了一則臉書廣告，想聯繫到沃爾瑪（Walmart）總部的買家。這個活動產生了兩千萬美元的成果，以及六九五〇萬%的ROI。

作風大膽會展現出勇氣，勇氣就會吸引大家來找我們。傳遞有說服力的實用見解，也有同樣的效果。假如大家藉由與我們互動而學到東西，我們就會成為有價值且受到信賴的資源，人們便願意追隨並接洽我們。

魅力也是吸引人的強力磁鐵，我在從事聯繫活動時，通常會運用我的漫畫。我是《華爾街日報》的漫畫家之一，整個生涯都將漫畫用在行銷上，所以我已經駕輕就熟了。假設我的漫畫命中目標，對方會保存它們好幾年，甚至是一輩子。我通常會將「大膽」與「漫畫」結合在一起，送給對方一面巨大的珍珠板，正面畫著關於他們的漫畫，背面則留下訊息，希望能促成至關重要的會面。

其他人則使用視覺比喻。商業戰略家瓦爾德施密特曾將價值一千美元的劍寄給最近生意失利的公司執行長，並附上一張手寫的便條：「商場即戰場，我注意到你最近剛打敗仗。如果你打仗需要支援，我們會罩你。」到目前為止，這個活動的回覆率是一〇〇％，催生出好幾個機會，每個案子都價值一百萬美元以上。

瓦爾德施密特的劍，成功展現出大膽、魅力和見解，進而產生野草一般的成長。那個以埃里森和沃爾瑪為對象的外展活動也是如此。這些活動與其策劃者都令人無法抗拒。

在這三個案例中，活動背後的行銷人員，其實可以單純寫封信要求見面就好，但這些信將會直接石沉大海。**為種子增加翅膀，就會大幅提升它們的散播範圍與效果。**

在接下來的部分中，我會分享許多種子策略發揮作用的例子。但我們先檢視它怎麼應用在行銷這本書吧。

這是一本關於成長策略的書，以野草為靈感，但它也是一項新創事業。為了成功，它必須在世界各地建立一個知名品牌，而且要迅速產生銷量。正如任何運用野草策略來成長的事業，它內建了非常迷人且不平等的優勢。

第一個優勢是野草本身。野草受到世人鄙視，但也有人欣賞它們散播與成長的能力。我認為這讓野草成為「不情願的英雄」（Reluctant hero）——這種背景設定驅動了許多故事。我們對於一開始處境艱難、最後卻獲得勝利的角色，都會自動產生共鳴。這部分野草已經辦到了。

因為主題的緣故，所以發行日訂在初春是有特殊意義的，時機剛好配合北半球野草的生長季。**我的構想是將全世界的野草當成本書的迷因**。我希望人們注意到野草出現在他們的院子，並且突然意識到：「對喔，有那麼一本書……」如果這招成功的話，我希望這本書每年都會出現，就像聖誕音樂一樣，當正確的時間到來，就會突然再度受歡迎。

這本書很大膽，而且野草成長與散播的方式，對人們來說很有魅力。它也提供了明確的見解與價值，因為所有人都希望自己的事業能像野草一樣成長。

隨著我們逐步探討第三部的 W.E.E.D.S. 模型，我將會解釋更多應用於本書的野草策略。但現在我們先來看看，其他人如何給他們的種子一對翅膀，將完全不平等的優勢，應用於他們對於顧客與市場的活動。

特斯拉讓凡人成為冒險故事的一部分

電影產業是靠說故事繁榮起來的，不過說真的，**所有事業都是藉由述說它們的故事才能開花結果**。它們的故事越像好萊塢巨片，我們就越感興趣。大多數的劇本，開頭都是**一位不像英雄的主角必須展開危險的旅程，達成不可能的任務；**接著挫折接踵而來，目標似乎越離越遠。最後解決衝突，主角成功完成任務。

你能想到商場上類似這樣的故事嗎？我立刻想到馬斯克。特斯拉憑一己之力改變了電動車市場，證明「電動推進」可以運用在我們的生活中。突然發跡的特斯拉，成為世界上最有價值的汽車公司。

接著SpaceX開始革新太空產業；可重複使用的推進器，有史以來第一次從太空返回，精準的降落回地球。英雄再次勝利！太空發射的成本大幅降低，同時打敗占盡優勢的巨大競爭者——波音（Boeing）、諾斯洛普．格魯曼（Northrop

Grumman）、俄羅斯航太（Roscosmos）。

如今馬斯克在用他最新的冒險旅程吸引大家目光——可重複使用的太空船，讓人類成為居住於多個星球的物種。如果成功的話，星艦也會革新地球表面的旅行、運輸業，因為它能飛進太空，將洛杉磯到倫敦的飛行時間縮短至二十分鐘（原本約十．五小時）。

作為種子策略，**馬斯克的故事簡直是奇蹟——也是他在市場中真正的不平等優勢**。想想他在太空方面的競爭者：俄羅斯的太空總署。署長德米特里．羅戈津（Dmitry Rogozin）之前作為ＮＡＳＡ發射供應商時被徹底擊敗，顯然大受打擊；他吹噓說，某個聯盟號（Soyuz，蘇聯第三代載人飛船）推進器的一部分，落在薩哈地區偏遠且嚴寒的凍原，仍然被成功回收。「我很懷疑 SpaceX 這個慢郎中能否在這樣的條件下工作。」他如此嘲笑。

但羅戈津不知道的是（儘管地球上其他人都知道），SpaceX 早已製造出可以降落在任何地方的推進器，而且隨時可以加滿油再使用。馬斯克的故事本來就很扣人心弦，羅戈津這樣只是替它錦上添花而已。

這些故事創造出的印象，就像數十億顆種子，飄揚到世界各地。所有人都認識了馬斯克、他的公司，以及他對於世界的夢想。這些種子為他所做的一切，創造出完全不平等的市場優勢。

「特斯拉讓凡人有機會成為馬斯克故事中的一部分。」銷售創業家愛麗絲如此說道。「他的故事創造出了無敵的品牌忠誠度。」成長策略家史蒂芬・安尼瑪（Stephan Annema）也表示：「拯救地球、太空旅行，馬斯克讓全世界都贊同他的目標。」好的故事具有啟發人心的力量，讓他們不停討論；這真的是商場上最大的不平等優勢之一。

如果你有扣人心弦的故事，該怎麼說給全世界聽？該怎麼給故事一對翅膀，**讓人們不斷談論它？**野草告訴我們，要確定故事有適當的種子要素——也就是讓它能夠輕易傳遞。請教故事專家，組織你的故事，再讓它變得緊湊。學會怎麼述說它。接著運用社群媒體、並雇用公關人員，讓故事進入主流意識中。

圖解資訊是個很棒的方法，讓你的故事形式能夠輕易以文章和社群媒體分享，進而獲得不平等優勢。

谷歌原本叫「搓背」……

品牌專家都知道，**為某件東西取名字，就能賦予它生命、深度與人格**。名字如果取得夠好，就會讓命名對象在領域內獲得無可否認的不平等優勢。名字可應用於公司、產品、服務、措施、提案、運動、任務、員工頭銜、選單項目，以及任何對話時可能提到的東西。給它一個有說服力的名字，會使它變得重要、好記、引人注目。

亞歷山德拉·瓦特金斯（Alexandra Watkins）是命名機構「Eat My Words」的總裁，以及《哈囉，我的名字就是讚》（*Hello, My Name is Awesome*）的作者。想當然耳，她對於取個好名字，以及好名字如何為你的種子策略帶來優勢，都有一些想法。「好名字很有破壞性。」她繼續補充：「它會推動整間公司的銷售。」

命名的ROI很難追蹤，不過瓦特金斯說她最近接到一個任務，對方是曼哈頓某間飯店的婚宴部門。他們希望能有更特別的名字，可以與鄰近的時髦飯店競爭。於是瓦特金斯前去修改他們的服務清單，將彩排晚宴改名為「見父母」（Meet the Parents），婚宴後的酒吧招待會改名為「最後一杯酒」（Last Call for

Alcohol），新娘的婚前送禮會改名為「大家有禮」（Shower Together）。

名字可以為物體注入魅力、角度，並引起人們好奇；而公司也能因為取對名字而轉型。思考一下這些例子：**谷歌（Google）原本叫做「搓背」（Backrub）；百事（Pepsi）一開始叫做「布萊德的飲料」（Brad's Drink）**，耐吉（Nike）曾經叫做「藍緞帶運動」（Blue Ribbon Sport）。雖然谷歌、百事、耐吉這些名字，並沒有告訴你這些公司在做什麼，但**它們很獨特、好記，也比較容易被大家討論**。

正確的品牌命名可以讓你賺大錢，網域名稱也可以。位於加拿大的數位廣告公司「Outshine」總裁安德魯·布林（Andrew Breen），在創辦公司時所能找到的最佳網域名稱是「outshineonline.com」。不過這個網域似乎讓消費者產生了錯誤印象。他解釋：「我們跟廣告代理商合作。但顯然我們的網域名稱沒有魅力。聽起來並不專業。」

布林發現「outshine.ca」可以用兩萬美元買到。經過協商之後，他付了兩千美元，把公司網址那個惱人的「online」去掉了。但「.ca」這個指定地區，還是把公司的範圍局限於加拿大。它給人的感覺好像只是一家地方公司，而不是國際性的大公司。最後他排除萬難接觸到「outshine.com」的持有者，經過幾年的外展活動之後，他們終於敲定交易。

布林繼續補充：「我們立刻就看見新網域帶來的效果。**人們會觀察網域名稱之類的東西，來判斷你的服務有多少價值**。」他買這個網域花了兩萬美元，但他覺得每一分錢都很值得。「當你在跟舊金山和紐約的頂級廣告客戶做生意時，名字一定要稱頭。」他說。

名字也能在公司內部發揮作用。瓦特金斯想到喜願基金會（Make-A-Wish Foundation）曾請他們的員工為自己取頭銜：「他們對自己的工作感到更快樂、更滿意，而且更常討論他們在做的事情。」

不過名字讓人會錯意的情況也很多。有個故事大家肯定忘不了：勞斯萊斯準備要推出新車型，取名叫「銀霧」（Silver Mist）。還好他們很快就發現「mist」這個字在德文中是「糞肥」的俚語，並且及時踩剎車，否則新車的名字就變成「勞斯萊斯銀大便」了。

雪佛蘭的「Nova」車款在波多黎各推出時也鬧了笑話。「Nova」在西班牙語是「行不通」的意思——對車子來說真不是好名字。福特的「Fiera」和「Pinto」車款也是如此；它們在巴西賣不好，因為這兩個名字在葡萄牙語分別是「又醜又老的女人」和「雞雞超小」的意思。無論有沒有翻譯成外語，所有名字都可能使人會錯意。

如果可以，請讓命名機構協助你取名字，讓它有機會成為不平等優勢。命名機構會幫你搜尋，避面會錯意以及潛在的註冊商標問題，甚至買到最棒的網域名稱。或者，假如你想快點得到靈感，不妨試試名稱產生器網站，像是Shopify、Wordlab 或 GoDaddy 的企業名稱產生器。

品牌就是你對市場的承諾

最好的品牌是公司與顧客之間的承諾。他們是擁擠市場中的信任指標，以符合廣告的產品與服務吸引新舊顧客。**品牌也是公司與市場之間的對話**。四季酒店（Four Seasons Hotels）或卡地亞（Cartier）傳達的價值是高級與奢華。好市多（Costco）、沃爾瑪、亞馬遜這些品牌的承諾，是超多可挑選的商品種類，以及最低的價格。

《品牌干預》的作者布里爾說道，有效的品牌會表現出這家公司的破壞精神：「最好的品牌等同於韌性與獨創性。它們傳達的訊息是，你的公司能察覺他人沒注意到的機會，也能連結別人錯失的接觸點。」

品牌藉由這種方式**將公司人性化，賦予它們獨特的個性，讓大家理解它們，並與其互動**。「品牌會激發成長潛力。」布里爾指出品牌化的其中一個層面，就是渴望成功。好的品牌會展現出我們能夠成為什麼人，引起大家討論我們、採取行動。

因此，品牌是種子策略的必要部分。所以我們該如何打造世界一流的品牌？前超級模特兒、品牌化權威凱西說道：「建構品牌的流程需要花費時間，並且全力以赴。世界上所有產品都會因為好品牌的力量而如虎添翼。」

凱西回想起她在自家廚房創辦品牌化公司的過程，因為她意識到自己不想以「變老的超級模特兒」的身分逐漸引退。

如今，凱西．愛爾蘭全球公司是一間價值數十億美元的品牌化帝國，產品規模不斷擴大，目標是「家裡所有東西」，包括照明、辦公室家具、居家裝飾品，現在還推出住宅！然而，她也並非一步登天，她回想道：「我們推出的第一項產品是一雙襪子。我們從零開始打造，渴望創造一種品質，能夠流傳給後世。」

凱西專注於品質，這是她們品牌特色的基本要素之一，但她真正熱衷的是服務世人，而這也讓她在市場脫穎而出。凱西這個人很正直、熱情、有幹勁，也是謙遜、有愛心的慈善人士。她在商場上創造了無法抗拒的存在，而消費者也回應她。她的品牌應用於她的所有產品，成為野草般的不平等優勢。

此外，不平等優勢也是靠著層層累積而培養出來的。數百萬人知道凱西是模特兒與時尚領域中一位富有魅力的人物。她個人與產品的品牌化，因為她的故事與家喻戶曉的名字而如虎添翼。

這些種子要素並非憑空出現。它們通常是好幾個要素一起發揮作用，而且層次越多，不平等優勢就越大。在品牌化的領域中，凱西肯定有難以克服的優勢，她的競爭者無法輕易匹敵。

不過，我們不必當過超級模特兒，也能讓過去為我們效力。參考這一章較前面的段落，**拿出你私藏已久的故事**，無論是個人的還是公司的。與顧問合作，給故事一個架構再潤飾它。替它取個有說服力的名字，對受眾傳遞正確的訊息。寫出你的信念結構中有哪些信條。

這**一切都會成為你對市場的承諾，大家才會有理由信任、接洽、找上你跟你的公司**，然後發現你們超有魅力。這樣才能引起他們討論，並且替你的整套種子策略建構不平等優勢。

品牌沒有定期更新的話就會過時。達美航空（Delta Airlines）、麥當勞、Uber、萬事達卡（Mastercard）、聯合航空，以及其他許多大品牌都會持續更新策略，有時候還會整個改掉。我們也可以做這件事，這樣就增加了一個完美的機會，能夠向市場重新呈現你的公司、公司的故事，以及創新。你可以自己做，或雇用擅長重塑形象的機構。

iPhone 暢銷的原因：實現魔法的設計

偉大的設計可以建立帝國。法拉利與藍寶堅尼的汽車，因為時髦的美感而受人喜愛，它們的設計師是塞爾吉奧・賓尼法利納（Sergio Pininfarina）、塞爾吉奧．斯卡列蒂（Sergio Scaglietti）、馬塞羅．甘迪尼（Marcello Gandini）。身為種子，沒有任何事物可以勝過他們的設計所啟發的病毒式傳播。如果你對車子很有興趣，就知道 Countach、Daytona、Testarossa、Dino 這些名字有多大的力量能啟發夢想。或許你的車庫就停了一臺。

菲斯克很清楚偉大設計的力量。他設計過三臺現代經典車款（奧斯頓．馬丁的 DB9 和 V8 Vantage，以及 BMW Z8），最近還名列汽車史上最偉大的十位汽車設計師。

他也是一位創業家，曾經成立菲斯克汽車，卻因為經濟大衰退而倒閉，不過接著他又讓公司復活，改名為「菲斯克公司」（Fisker, Inc）。後者是世界上第一家數位汽車公司，所有生產性資產都數位化，讓世界各地的分包商能夠組裝他的車子。

「設計可以讓我們快樂、讓我們微笑。設計可以讓你不必知道某個東西是什麼、或者它怎麼運作，就喜歡上它。」菲斯克利用精湛的設計吸引我們，令我們好奇他的產品，並且完全相信他的故事。設計能創造夢想，令所有人都買單。如果透過網路傳播，就能產生數億個病毒式印象，成為種子策略的種子。

沒有人比蘋果更懂偉大設計的價值。它是世界上第一間價值一兆美元的公司，用時髦設計和簡潔介面打造自己的帝國；**蘋果的產品就像從未來直接落入你手中**。

iPhone、iPod、iPad、麥金塔都成為各自產品類型的高級品。蘋果產品的組裝品質和工程都很優秀；我們之所以會追蹤所有新聞，並且每次出新機型都去排隊購買，就是因為它們的設計。

蘋果前首席設計師強尼．艾夫（Jony Ive）解釋：「蘋果的目標不是賺錢。我們的目標是設計、開發好產品，再將它們引進市場。」產品的設計和品質會使市場產生反應。

錢就是跟著設計來的，他補充說道：「**當一件東西超出你對其運作方式的理解力，就會有點像魔法在實現。**」

創新也是一樣的道理：充一次電就可以讓車子跑好幾千英里的電池；飛天車；馬斯克的星艦。不久後就會將未來交到你手中的新發明總是很迷人！正如種子策略要素一樣，它們無法抗拒。

設計可以是實體形式，例如新產品，但它也應該注入並貫徹你的種子策略。它應該應用到所有外部傳播、網站，以及社群媒體貼文，它產生的統一印象將會值得投資。

正如好的設計等於告訴大家，你每件事都有能力做好。讓好的設計成為事業哲學的一部分，以及種子策略中的不平等優勢。

健身教練的橡膠名片，每張平均帶來三個客戶

對許多人來說，名片這個概念已經沒用了。根據我最近在 LinkedIn 的調查，半數人都說他們不用名片。他們只會交換電話輸入聯絡方式，或是用 LinkedIn 聯繫。無論他們用不用名片，他們全都錯失了這個重要的機會——創造像野草一樣傳播的行銷印象。

假如某人將他的名字與聯絡方式**輸入另一個人的通訊錄，他的身分和資訊其實更容易不見**。這個人是誰啊？一切都消失在通訊錄的上千條聯絡人中。

我們在LinkedIn 聯繫時，這個行動並沒有記憶點，因此我們不記得每次新增的聯絡人。

即使我們真的拿出名片，最後很可能也只會被放進抽屜或丟進垃圾桶，所以無論什麼情況都無法產生聯繫。然後一個寶貴的機會就這樣永遠消失了。

假如野草會用名片的話，一定會牽涉到某種不平等優勢。名片公司深信解決方案是追加燙金印刷、浮雕字體，以及異國風的紙材，但他們只是在生產花俏的廢物而已。名片還是會被丟進盒子或垃圾桶，再也不會被人看見。野草會告訴我們要重新來過。

只要上網搜尋一下「世界上最酷的名片」，你就會發現一些真正神奇的創意傑作。「世界頭號駭客」凱文・米特尼克（Kevin Mitnick）的名片，是一片用化學藥劑蝕刻的不鏽鋼，再嵌入一組開鎖工具。他是世界上最頂尖的ＩＴ（資訊科技）技術顧問之一，所以**開鎖工具在視覺上妙喻他能協助顧客解決問題：防止駭客入侵**。米特尼克的網站上甚至有一段影片，展示某個人真的用名片上的工具去開鎖。這套工具還真的能用！

米特尼克的名片幾乎已經是不同級別的東西了，我在之前的著作《見到面》

中稱它為「口袋活動」。口袋活動看起來很像名片，卻截然不同。它是從一件迷人的物品開始，米特尼克的名片肯定符合這個描述。當他在大會演講時，聽眾會爭先恐後的跟他要名片。

這套工具所增添的東西，一般名片無法相比；它們有真正的目的，真的能夠做事情。人們當然會想看它們發揮作用的樣子，因此收到名片的人，就會前往米特尼克的網站欣賞影片。

真正的口袋活動會再採取兩個步驟：從影片頁面追蹤觀眾，舉辦一個「再行銷」（retargeting）活動。因此，拿出一張名片的效果，就是突然間在網路各處都可以看到米特尼克。

口袋活動的組成要素是裝置（視覺比喻、工具等）、**活動邀請**（請到這裡看這部影片，學習怎麼使用這個方式）、**活動頁面**（播放影片並設定追蹤像素[1]），**以及自動化的持續性活動**（投放再行銷廣告，追蹤網路上持有裝置的人）。

突然間，我們不再錯過與人巧遇後的聯繫與機會，反而還徹底善用它們。我們不再因為沒意義的社群媒體交友邀請，或忘記到底是誰把聯絡方式輸入我們的手機，而與別人失去聯絡。

有時候，口袋活動光靠一開始的裝置就能產生極大的成果。健身教練保羅·尼爾森（Paul Nielsen）就是這麼做，他有一套「名片」，印在可伸展的橡膠片上。名片印了他的名字和聯絡方式，不過是先將名片放在模具上伸展後再印上去的。墨水乾了之後，名片就被取出模具，並且恢復成原本的形狀，印上去的聯絡方式也會擠成一團。為了讀這張名片，收到它的人必須從兩端把它伸展開來。

尼爾森拿出的名片，是一片鬆軟的橡膠。收到的人把它伸展開來，然後發現尼爾森是健身教練。而且你知道嗎？他剛剛已經讓你做了運動！收到的人會非常興奮，對同事跟朋友誇耀這張名片。

每次有人伸展這張名片，就會為尼爾森招來更多客戶。每張發出去的名片平均會帶來三位新客戶。

我在之前的著作《見到面》中，花了一整章介紹口袋活動。你可以參考第九章的建議，想想看該使用什麼方法，以及該怎麼舉辦自己的口袋活動。

---

1 編按：tracking pixel，一組程式碼，可透過此觀察網站轉化率等指標。

把宅男變酷哥——找到痛處是最有效的行銷

Ace動漫展創辦人山莫斯很了解一件事：發起國際性運動能產生極大的力量。事實上，可以說這是他的超能力。

山莫斯從小就很迷漫畫英雄，所以他很渴望自己擁有超能力，他回憶道：「我基本上是個宅男。但後來我發現我的超能力，就是把宅男變成酷哥。」於是他開始幫助那些被欺負的宅男，替他們找到真正的人生目的。他追求的目標，就是替人們發現自己的超能力。

山莫斯的熱情很快就變成一項事業——他念大學時，出版了第一本漫畫雜誌。雜誌成長得很快，並且有極高的傳播率。有幾個因素促進這種成長。山莫斯觸到許多人的痛處——這些人跟他一樣，喜歡漫畫和超級英雄，覺得自己是邊緣人。他們也渴望漫畫書上的超能力。這種**共同的經驗和情緒**，以及渴望被人接受的心情，**獲得了全世界受眾的熱烈迴響**。他們想要改變現狀。

雜誌的病毒式傳播也促進了成長。還記得嗎？種子策略的重點，就是生產大量種子，進而在領域內產生不平等優勢。**最有效的種子都具有高機動性**，它們有超能力能讓別人討論。山莫斯的讀者正在為他效力——他們把雜誌分享給朋友，使它獲得成長。如此就產生了集體規模。

這份雜誌催生出聞名世界的 Ace 動漫展。它一開始只是苦苦掙扎經營的小漫畫展，後來被山莫斯買下。雜誌不只賺進現金，也引發了一個迅速成長的運動。現在他的讀者有了重心，有了安全的地方可以見面並且做自己。

如今，許多獲利高的電影都是漫畫改編的，這又為山莫斯開啟了新的成長機會，他解釋：「我總會邀請名人來參加我們的活動。起初有些演員不想跟自己的角色牽扯太深，但後來他們意識到這樣可以宣傳自己的電影。」名人加持，為山莫斯的種子策略產生了乘數效應，吸引更多媒體關注，並將種子傳播到它們的大批追隨者。我們在下一章探討種莢策略時，會談到這種乘數效應。

團體是很強大的種子策略，但它們是從哪裡來的？山莫斯引發的漫畫書／超能力運動，滿足了全世界數百萬人的需求，但它也是迅速發展的名人文化。

若想要發起你自己的團體運動，請把重點放在你該如何改變大家的人生。你做的事情背後有什麼特別角度？你該怎麼賦予別人權力，讓他們更有效率、更成功、更滿足？

當你想發起自己的團體運動時，思考一下可以吸引誰來當你的夥伴、贊助人與播種者？有公司會因為響應你的運動而獲利嗎？有人出錢贊助你嗎？你能夠找到名人與社群網紅擴大事業嗎？啟發熱情的團體，可以持續很長一段時間，並且開啟許多新的成長機會。

種子策略的基礎：聲譽（你最有名的是什麼？）

信任與聲譽是社會互動的錨點。它們定義了人們的外在形象，並決定我們的成功——無論是社會上，還是商場上（當然）。如果我們已經贏得信任（建立了穩固的聲譽），人們就會想跟我們合作。他們會把我們推薦給別人。信任與聲譽會像風中的種子一般傳播。

麥可・羅德里克是企業執行長、百老匯製作人，更以「超級聯繫人」（super-connector）的身分廣為人知。他說聲譽和定位都是從信任開始：「如果你真的有做事，就會加速大家對你的信任。說到就要做到，而且要做得快！」

他的言論呼應了本書中野草對於急迫性的重視。急迫性會產生重要性、成果與信任。羅德里克認為聲譽（我們有名的地方）就是我們在商場上最重要的資產。它會使大家逐漸意識到我們是誰、我們在做什麼，以及大家會不會聯繫我們。因為這樣，聲譽成為所有種子策略的基礎。

羅德里克說，理想情況下聲譽是多層次的。這再度符合 W.E.E.D.S. 模型。八個層級的策略有許多重疊之處，重疊得越多，成長意志就越堅定。羅德里克認為，若要培養穩固的聲譽，最關鍵的問題是：「**你最有名的地方是什麼？**」他解釋：「馮・迪索（Vin Diesel）有名的地方只有動作電影，但巨石強森（The Rock）有名的地方包括摔角、演戲、電影與電視劇。他在你腦中占了比較多部分。」

羅德里克運用迷人的戰術，在百老匯建立人脈並提升自己的關注度。他定期主持現場座談會，討論各種社群內的重要主題。舞臺上的座談小組是一群傳奇製作人，由羅德里克擔任主持人。聽眾當中則有更多的製作人，這也意味著更多有用的聯繫。他說他與業界傳奇一起在舞臺上現身時，已經將他重新定位成一流人物，進而為他的事業開啟了許多意料之外的機會。

利用羅德里克的問題：「你最有名的地方是什麼？」定義屬於自己聲譽的構成要素。從客戶與目標市場中的人們那裡獲得未經過濾的回饋，看看他們講的跟你想的是否一致。關鍵點在於：你的聲譽擁有越多層次，它就會越獨特、越有說服力。

本章其實可以無限延續下去，但這樣也無法表現出所有能讓受眾產生意圖的可能性。我把重點放在努力開源而不是單純花錢開源，因為有機的成長才是野草成長並征服新領地的方式。以游擊戰術為基礎的種子策略，會變得自給自足、持續不斷。

就算在這個行銷預算宛如天價的世界，原則也還是一樣。每顆種子都應該備有不平等優勢，**每個活動都應該專注於傳遞非凡的價值與魅力，讓大家談論你公司的目標、運動、抱負、概念、設計和品牌。**

它應該要讓大家很想參與你的故事，也就是成為你的客戶、追隨者、轉介者，以及傳教士。無論有沒有花錢，我們的種子策略應該總是把重心放在能夠傳播的行銷。

隨著我們逐步探討 W.E.E.D.S. 模型的八個層級，你會發現它們雖然是重疊的，卻能夠輕易抓住我們的焦點。每個層級都很有說服力，足以成為任何事業的必備市場策略，但我們不應該只專注於一、兩個層級。最有效的成長流程會八個層級全包，達到完美平衡。

讓我們腦力激盪一下你的新種子策略，開始這樣的新流程吧。你該如何在市場中產生獨特的表現，吸引越來越多人認識你的故事、品牌與你提供的東西？現在先花點時間，記錄你對種子策略的初步想法，接著下一章再來探討種莢策略。

我的種子策略是什麼？

- 我有什麼獨特的不平等優勢，可以吸引別人的注意？
- 我的故事是否夠精彩，而且所有團隊成員都會講？
- 我的公司與產品都取了好名字嗎？或者這些名字可以在專業協助下改善？
- 我的品牌是否主宰了我的目標市場？如果不是，我該怎麼重塑品牌、取得頂尖地位？

- 我的提案是為了迅速得到迴響和病毒式傳播嗎？這些流程只能用一次，還是能夠成為贏得生意的持續性活動？
- 我的設計與創新有被當成種子使用嗎？我應該怎麼使用它們？
- 我的名片是既過時又無趣，還是動態的活動，可以讓人持續參與？
- 我能夠基於現在的行銷方式，發起國際性的運動嗎？
- 我的公司有受到市場信賴嗎？我們的聲譽是什麼？該怎麼改善它？
- 我們還能做什麼事情，在市場撒下數百萬顆高機動性種子？

第十二章

誰會經常提及你——種莢策略

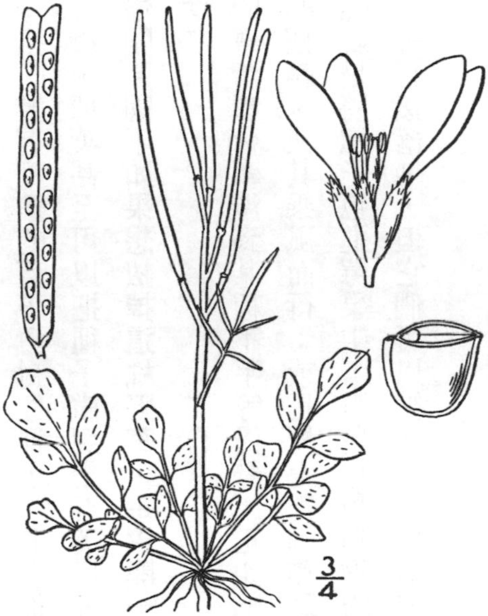

碎米薺（*Cardamine hirsuta*）是芥末家族的成員之一，以古怪的種子擴散方式而聞名。它的種莢在夏末時既乾燥又僵硬，只要園丁輕輕一碰或吹一下，就會像彈簧一樣把種子撒出去。

圖片來源：©皇家植物園受託人理事會，邱園。

噴射草、分裂草、彈眼草、野生水芹、多毛苦菜、西部苦菜、小苦菜、轟擊苦菜……碎米薺有許多別名，或許是因為它散播種子時給人的印象非常強烈。

它發明了一種超有趣的機制，來確保自己的繁衍。它的種子是像豌豆莢一樣的果實，整齊的排成一排。裝有彈簧的蓋子會封住種子，並且從底部打開，接著突然間像爆炸一樣往上彎，種莢甚至可以把種子撒到十五英尺外。最氣人的是，種莢被輕輕一碰就會爆開。園丁**如果想拔掉這株野草，每爆開一個種莢就等於替它多種下好幾十顆種子**。

我們知道野草做的事情都會牽涉到某種不平等優勢。正如上一章討論的，它們會給種子配上鬆軟的翅膀、使其乘風而行；或是配上芒刺和黏著劑，使其黏在毛皮和羽毛上；要不然就是將種子包進莓果中，搭鳥類和動物的便車（消化道）來長途旅行。有些種子會直接落地，但它們可以被水流、機器或其他經過的東西帶著走。

但最聰明的野草，會讓自己的孩子贏在起跑點。我們很熟悉蒲公英鬆軟的球體，它能夠非常有效的讓種子隨風高飛，薊與其他植物也一樣。柳蘭（在索爾茲伯里爵士的實驗中，它的種子在靜止的空氣中飄浮了將近一分鐘）生產了又長又有效的網子，讓種子飛上天。

我們會發現**種莢是野草策略的關鍵部分，能夠將種子散播到更遠的地方**，藉此比其他植物搶到更多地盤。勝利公式是生產高機動性的種子，然後盡可能把它們撒遠一點。

傳統媒體，重點是取得管道

當我們想要讓行銷訊息獲得槓桿作用，傳統媒體是顯而易見的選擇。雖然沒有以前那麼強，但世界頂尖的雜誌、報紙、廣播媒體、產業刊物，還是很有力的平臺，能讓我們的種子飛上天。

我的漫畫刊在《華爾街日報》，觸及的讀者多達兩百一十萬人。因為我是撰稿人，所以我有機會一再曝光。而且因為我的漫畫刊在《華爾街日報》，所以我不只是漫畫家，還是「《華爾街日報》的漫畫家」。這讓我做其他事情時擁有莫大的優勢。

想成為《華爾街日報》、《Inc.》、《快公司》（*Fast Company*）、《富比

世》（*Forbes*）、《哈佛商業評論》（*Harvard Business Review*）的定期撰稿人，可沒有那麼簡單。但假如你有特殊專長或異於常人的經歷，可能就有機會。新聞媒體會持續聘用外界專家撰寫評論，或是直接引用他們的文章。

傳統媒體最麻煩的地方一直都是該怎麼取得管道。你要花錢買、或是努力去爭取。如果你有預算雇用公關人員、舉辦廣告活動，就已經取得領先優勢了。但這不是本書的重點。對野草來說，使用付費媒體，就像花錢請撒農藥的飛機幫忙撒種子一樣。野草的重點一直都在於有機的方法——**可以持續、永遠依賴它，不必花錢也不會失敗。而這也是我們的重點。**

如果要引起編輯的注意，你必須舉行外展活動。這種活動跟我之前的著作寫到的聯繫活動不一樣。聯繫活動通常會使用古怪的方法或裝置來突破心防：劍、巨大的漫畫板、鴿子等。不過編輯看到這些東西，很可能會覺得你很猴急，根本不值得考慮。

為了宣傳這本書，我會接洽傳統媒體，作為種莢策略的一部分。我會以這個訊息開頭：「『像野草一樣生長』這句話淺顯易懂，但你該如何應用在自己的事業上？」這條訊息會是一封簡短的信，但多了一點花樣。我在信上附了種子包，裝滿蒲公英的種子，當成一種視覺比喻，讓對方可以親眼見證野草的親身示範。這封信會寫在可種植的紙上，所以編輯如果願意的話，可以把它種進土裡、讓野草生長。郵件封套是用瓦楞紙做的，並印上古色古香的植物插圖，就像本書每章開頭那樣。

我不是在建議你照抄這些要素。它們是直接配合我的任務：散播這本書的行銷種子。但你也可以輕易運用各種視覺比喻、珠寶盒、影片等，用有說服力的方式，**傳達你提出的內容有什麼價值**。如果你想辦這種活動、然後需要幫忙，我建議你讀我寫的書、或加入我們的線上課程。

對編輯的外展文章，不應該只有公司介紹文的水準。你的定位應該要很清楚——專家，提供切題且具有說服力的洞見。你追求的成果是成為定期撰稿人，或持續提供專業評論與引文的人。但假如你有一絲一毫想要打廣告的味道，你的文章就會被扔進垃圾桶。

此外還有幾條捷徑。你可以訂閱HARO（Help a Reporter Out）的業務通訊，他會刊出記者的要求（引文、評論、訪談），而且通常都是大媒體的記者。假如你想宣傳自己的公司，可以試著寄新聞稿給 newswire.com、ereleases.com 或

PR.com。雖然不保證一定有新聞網站會刊登這則文章，但還是值得一試。

所有人都利用寄新聞稿，或是雇用公關人員與傳統媒體聯繫。你可以試試別招：透過電子郵件或社群媒體，寄一段少於十二個單字的訊息，然後問對方有沒有興趣。仔細思考這十二個單字該寫什麼，這樣對方才會真的有興趣。沒有對方的聯絡方式？去查查文章底下、版權頁或資料來源。

在 Podcast 說完故事後，把握黃金一小時

如果想要擴大種子策略的觸及範圍，你自然會想到 Podcast 這個方法。我們可以自己主持，或是當來賓接受訪問（反正現在 Podcast 主持人多到數不清）。兩者都可以拓展你的人脈、讓大家對你的種子策略瞭如指掌——而且這種盛況會無限持續下去。

創業家、Podcast 主持人金解釋：「我的 Podcast 就是我的種莢。假如我需要

幫忙、要開始一段關係，Podcast 能幫上很多忙。」金說，試著提供別人說故事的機會，讓他有管道接觸到任何他需要的人或東西：「你的人脈就是你的價值。想找人幫忙，就必須事前耕耘。」

我也寫過 Podcast 怎麼當作聯繫活動，這是我的親身經歷。訪談過程會使人更加親密。只要花一小時相處，你們就好像認識彼此許久一樣。主持人通常會提到，**訪談結束之際會有「黃金一小時」**。這時受訪者還很興奮，而且剛剛的情感羈絆還在，身為主持人，**你幾乎可以請求他們任何事情**：「如果我想找到對的人幫忙，我該找誰？你可以介紹我們嗎？你認識某某人嗎？你可以做個介紹嗎？」答案幾乎都是：「好啊！」

我最近一本書上市時，有好幾個月幾乎每天都在接受訪談。受邀上別人的 Podcast 就能產生寶貴的曝光機會、**接觸到他們的人脈**。每個主持人的聽眾人數都不同，**但 Podcast 的吸引力不在於觀眾人數，而在於觀眾是誰**。節目容易吸引到特定族群的人，他們對主題有興趣，或者是主持人的追隨者。他們遠比大眾媒體的受眾更專心，反應也更熱烈。

Podcast 的性質和形式正在迅速變化，所以要做好準備。有些是聲音，有些是影片；有些是預錄，有些是直播。你的訊號品質很重要，所以請投資一支好的麥克風、燈光以及攝影機。在你家或公司找個可以擺出有趣背景的地方，布置出一個小空間。書架是很棒的背景，因為你可以排列各種要素，包括書籍、產品、樣品和照片。

當來賓的話，至少要準備一個快速連結、但不能超過兩個，這樣聽眾才有機會聯繫你。一般來說，就是你的主要網站，以及一個社群媒體帳號。新手通常會**給太多聯絡方式，這是錯的。聽眾會無法負荷，也就不回應你了。**

你也應該在節目尾聲送個禮物。例如一個ＰＤＦ檔，彙整了節目上提到的連結；一本電子書；或一份圖解資訊。我通常是送我自己著作的試閱版。目標一直都是讓你有興趣的人寄電子郵件給你。這就是你挑禮物的原則，也是你之後增加禮物清單的原則。

最後，當你上別人的節目，也要準備好將它宣傳給你的受眾。主持人將你和你的故事曝光給他們的聽眾，所以互相幫忙是應該的。至少要去參與他們關於接下來節目的貼文，按讚、留言，以及回覆其他人的留言。

有些 Podcast 主持人很好聯繫，有些則否。你可以試著寄一個咖啡杯給他們，上面印上他們的廣告牌或 Podcast 商標，再加上一張兩句話的便條紙，解釋自己為什麼會是很棒的來賓。邀他們跟你在 Zoom 上面喝杯咖啡，認識彼此。

和網紅合作，首先找到他們在「賣」什麼

Podcast 主持人只是某個更大群體的子集，這個大群體就是社群媒體網紅。巧克力製造商好時（Hershey's）的前行銷長彼得．霍斯特（Peter Horst）說，網紅和ＫＯＬ能夠成為種子策略的強大乘數：「只要接觸到一位網紅，就會發散到兩萬八千個人。」

霍斯特偏好跟微網紅合作，他們觸及的追隨者有十萬到一百萬個，他解釋：「他們的追隨者更有參與度。他們比大網紅更全神貫注於點擊、追隨與購買。」他也警告，網紅很容易被冒犯，但假如你取悅他們，他們（尤其是微網紅）會讓你接觸到更多相關人士。

所以該怎麼引起他們的注意？可能很難，但一開始先提出一個有意義的夥伴關係吧。

這需要研究一番。找出那些網紅說了什麼話、有什麼事情會令他們興奮？以及最重要的：**他們在「賣」什麼東西**。如果你能幫他們把產品推銷到你的受眾，他們就比較可能回覆你。

霍斯特說，當你跟網紅合作時，你應該提供一些數位工具給他們：引人入勝的影片、ＰＤＦ小冊子、一頁式銷售網站……。霍斯特提醒我們，所有東西都要放上社群媒體連結。

重點在於借助網紅的觸及率以及影響力，但同時也要增加你的追隨者以及電子郵件通訊錄。

大部分網紅都喜歡受到關注。不妨寄一些東西巴結他們，看你要隨興一點還是加點巧思。（請參考這部影片：https://vimeo.com/461937868）

定期貼文、真心留言

社群媒體上的文章很多，有些可能是侮辱性的脣槍舌劍，但也有驚人的善意與洞見。社群媒體包含了所有人性——所有人類的想法、糜爛與仇恨、善意與智慧。這個地方適合擴大你的種子策略嗎？嗯，或許吧。

毫無疑問，社群媒體是一個論壇，讓你聯繫潛在客戶、合作對象，以及啟發人心的人們。但它也是令人成癮的時間小偷。而且它的規則似乎一直在變。

在此舉個例子來說明：「放大莢」（amplification pods）。

放大莢在幾年前突然冒出來，算是讓 LinkedIn 替你宣傳貼文的妙計。它基於一個對流量的假設（貼文後第一個小時內若有十幾則留言，便會觸發演算法），成員們講好之後就會快速留言來幫彼此推文。

起初放大莢的效果很好。我的貼文經常有五千到兩萬五千的觀看數，還有一篇達到二十萬。然後其他人也開始用同樣的戰術。我自己加入了十幾個群組，每個群組都要求所有成員立刻讀其他成員的貼文。大多數的貼文要花 分鐘左右來讀，但許多貼文都包含影片或連結。

這一招很快就變得無法持續而且浪費時間，但還有更糟的。每次有貼文被群組推起來，就會有同樣的單調回覆出現，而且都是同一群人回的。每位放大莢成員都在貼文底下狂洗「好文」、「推爆」、「中肯」，根本就不算真的留言，而是在浪費大家的時間。同時，真正的人脈也萎縮了。

有許多書籍的主題是透過社群媒體獲利——尤其是LinkedIn，我們都認為這裡能找到最多專業人士。有許多祕技可以辦到這件事，但本書不談這個。在此我鼓勵你採取三個步驟。

第一，投資時間在你真正的人脈，也就是你真正認識與尊敬的人；去他們的貼文留言。你不必每天都去回覆，也不必搶頭香，只要寫出真心的言論就好。對方會很感激你，而且很可能會回報你。

第二，定期且持續貼出你自己的原創內容，這樣那些想追隨你的人都可以輕易獲得資訊。每週訂出一天與一個固定時段，分享你的訊息。這樣就會開始放大你的種子策略。

第三，開始接洽你心目中最有魅力的人。這樣或許永遠無法聯繫到知名企業家馬克·庫班（Mark Cuban），但其他人會看到你的留言，接著你就會發現他有一部分人脈變成你的。到頭來，社群媒體就跟人性一樣，它不是賭桌，只有**誠實的參與和見解才會得到它的迴響**。

如今許多網紅都覺得正方形格式的影片最有效果。他們會在上下的空間放上品牌、進度列，以及說明文字。或者，他們會製作正方形的多頁PDF。這兩種方式都能做出引人入勝的內容，藉由平臺造成病毒式傳播與放大。

再細節的過程，都有人想看

如果你還不認識YouTube上的「飛行牛仔」（Flying Cowboys），不妨去網路上看看。

讓我講得清楚一點，如果你很迷以下的東西：一百英尺內起降的飛機；冒險；在山頂與河流等地短距起降的男人……你可能會想訂閱這個頻道。

飛行牛仔是美國西部一群Carbon Cub飛機駕駛員，他們飛行的路線跟哈雷機車騎士一樣。其中一位成員特別突出：麥克・帕蒂。帕蒂是一位連續創業家，與他的雙胞胎兄弟馬克（Mark），在猶他州聖喬治機場的「男人窩」機庫經營了幾個事業，並且還會設計和組裝飛機。

帕蒂組裝了一臺渦輪螺旋槳單人輕型飛機：「亂流」（Turbulence），是世界最快的紀錄保持者。不過，他的下一個企劃才真的是全球矚目——「紅飛龍」（Red Draco）起初是一臺波蘭製的高機翼 Wilga 飛機，加上一臺普通且老舊的活塞引擎。它宛如螳螂一般的外表就已經會讓人忍不住回頭看，但帕蒂還有更多意想不到的瘋狂點子。

他將三百馬力的活塞引擎，換成七百馬力的渦輪螺旋槳噴射引擎，以及一個巨大的四葉螺旋槳。接著他修改了起落架——三十英吋的低壓輪胎，以及異國風的新型懸架。他調整了機翼、加上燈光，還裝了更大的水平尾翼。紅飛龍的外觀變得很獨特，就這麼停在地面上。每次升空都會以三十度的坡度往上攀升，速度還能加快。

不久之後，帕蒂和這臺飛機在網路與媒體造成轟動。贊助商打電話過來，想要付錢將自己的品牌印在飛機上。玩具製造商也打來，想要製作這臺飛機的微縮模型。紅飛龍上了《大眾機械》（*Popular Mechanics*）雜誌的封面，也上了越來越多次電視。

帕蒂的 YouTube 帳號被越來越多追隨者塞爆，**他鉅細靡遺的記錄整個組裝過程，結果又吸引到更多觀眾**。他們不但見證紅飛龍的誕生，也認識了故事的主角，看著他克服障礙、完成企劃，並且與他的飛行牛仔兄弟們展開一次又一次的飛行冒險。

可惜的是，紅飛龍最後墜毀了，但這只更加鞏固帕蒂在追隨者心目中的英雄形象。

他很快又捲土重來，組裝一臺新飛機——「湊湊」（ScrAppy），這臺叢林飛機也很誇張，大部分都是用廢零件拼湊出來的：從某臺佛羅里達大沼澤風扇艇拔下來的四葉螺旋槳；八百馬力、八汽缸的競賽級引擎；Baja 沙灘車風格的懸架等。這臺飛機的組裝過程，也被一系列 YouTube 節目忠實記錄下來。

這一切全都是帕蒂的熱情。就算沒上 YouTube，他還是會做這件事。他只是喜愛飛行、挑戰極限、把日常的交通工具組裝成誇張版本而已。但這一切也成了種莢策略：帕蒂的公司生產飛機拖輪，這種裝置能幫助飛行員將很重的飛機移進與移出機庫。紅飛龍和湊湊不但讓帕蒂成為飛行名人，也讓他成為知名的拖輪公司老闆。

紅飛龍和湊湊是巨大的種莢（帕蒂種子策略的強大乘數），並不是因為帕蒂將組裝飛機當成宣傳手法，而是因為這完全不是在宣傳。帕蒂和他的飛機都是玩真的。

他是真正的飛行英雄。**大家都認同他的故事**與飛機突破了飛行的極限，但飛行員**剛好也是他的目標市場**，因此他就像野草一樣主宰了整個領域。

由此可見，你又有另一個理由去 YouTube 看看飛行牛仔，尤其是帕蒂的頻道：你等於坐在最前排的座位，參考該怎麼在事業中建立真實的魅力，讓你的種子觸及範圍變大好幾倍。

如果你是個人創業者，試著將你的嗜好或幻想化成系列影片企劃吧。如果你有一支工程團隊，那麼有沒有世界紀錄是你們可以打破的？古怪的主題加上一點運氣，或許會將你或你的事業變成社群媒體明星。

提高「提及力」：要短、要緊湊、最好有圖

關於銷售，我們最先學到的東西之一，是一定要請對方轉介。這是基本的銷售知識，但也因為太常聽到這個建議，它反而失去意義了。野草建議我們用新的眼光看這件事。

「被人提及」等於「大家談論你」，我在上一章提過，這是我們為行銷種子附加的不平等優勢。我們希望大家像病毒一樣傳播我們的故事，而轉介就是一種方式。

轉介有許多形式。客戶把你推薦給朋友，或是專家推薦別人提供相關服務，都是典型的轉介方法。此外還有病毒式傳播、口耳相傳、推薦信、線上評價、社群話題、聯盟行銷。它的成果是讓許多人替你行銷——**把你的種子撒得更遠，而且還有播種者的背書。**

銷售創業家愛麗絲建議從客戶開始，因為他們就是最棒的轉介者：「轉介是指某個相信你的人，把你介紹給你想認識的人。培養忠誠度，你的客戶就會登高一呼，散播你的種子。」

除了忠誠度，你也得培養魅力、欣賞度、相關性。如果能將這些要素全都啟發，那麼我們的「提及力」（refer-ability，超級聯繫人羅德里克想出的名詞）就會增加好幾倍。

提及力，就是我們帶給介紹對象與介紹人的價值，但它也是指「某人將你介紹給別人」的難易度。思考一下這一切的心理學吧。當我們將自己喜愛的服務、產品或供應商分享給朋友，我們會想分享很讚、很實用的東西，讓他們的生活變得更好。當我們這麼做，我們也會希望提升自己的價值。轉介就是在幫忙，而對於那些會感恩的人來說，幫忙是會替你加分的。

所以我們如果想請客戶、朋友、同事、追隨者和網路鄉民轉介我們，我們最好準備一些令人印象深刻的種子，然後到處撒。在W.E.E.D.S.模型中，轉介就是讓別人撒我們的種子，而且也是我們擴大規模的方式。我們的工作就是**讓種子（故事、品牌、創新、產品、服務等）更有說服力，讓別人願意撒**。

我們的種子也應該要很容易撒。羅德里克說重點在於精明的包裝：「如果我給你一堆蘋果跟一袋蘋果，你很可能會把袋子裡的蘋果倒進那堆蘋果裡。」羅德里克解釋，假如概念很笨重，人們就會忘記其中幾個部分，然後不知道該怎麼處理它。因此，我們必須把種子包裝成方便別人撒的樣子。

想像一下，一段美麗、引人入勝、三分鐘長的影片，會對你和你業務的介紹人有什麼效果。或者一份緊湊的圖解資訊，可以透過電子郵件和社群媒體分享，並且傳播到整個網路。讓別人提到你，就意味著你成為大家想討論的人、可以安心推薦的人，並且能夠輕易傳到別人耳中。這樣一來，我們就已經在為自己的事業創造集體規模了。

> 寫出一張潛在轉介夥伴清單，並且製作一套具有提及力的傳播要素。這樣會大幅強化你的種莢、種子策略，以及藤蔓策略。當你加強自己的野草策略，你的影片、圖解資訊、著作，以及聯繫活動都應該要蓄勢待發。

善用合作，借用他人的觸及

種子策略的目的是藉由數百萬個印象來產生觸及。重點在於傳播壓倒性數量的種子，在領域中產生極大的不平等優勢。種莢策略則要求我們：

借用別人的觸及和影響力，將我們的種子策略效果擴大好幾倍。

有許多管道可以擴大我們的觸及。這些管道的共同點是：**與別人合作以大幅擴大散播範圍**。這樣會讓種子的效果變強好幾倍。我們可以運用宣傳活動和社會媒體，借助別人的人脈以求轉介；還有其他許多方法，都能看到這種效果。

Ace 漫畫展創辦人山莫斯，利用名人的吸引力、超能力以及 Cosplay 來大幅擴充活動的規模。來自世界各地的人們蜂擁而至，表現自己的漫畫幻想，並且參加真人演員的座談會（他們演的改編電影廣受喜愛）。如果種莢會大幅擴大種子的觸及，那麼名人當然可以當成種莢。許多逛展的人是為了親眼看到他們喜愛的演員而特地前來，這也讓媒體更加矚目這個盛會。

《瞄準利基》的作者洛克海德說，當我們創造出自己的類型，人們就會不斷談論我們。搖滾歌手埃利斯・庫珀（Alice Cooper）雖然已經七十幾歲了，還是在開巡迴演唱會，因為他是休克搖滾（shock rock）的創始人。看他表演就像是在見證歷史。

《富比世》專欄作家凱爾・安德森（Kare Anderson）指出，你甚至可以推出跟駭人聽聞的行為或與新聞報導有關的產品，當成種莢策略的基礎。想辦法讓自己跟這些報導沾上邊吧！

你是可以提供評論的專家嗎？媒體可能會想知道。如果他們找你寫專欄，就等於在散播你的種子。就算《富比世》沒有採用你的文章，你還是可以開個 YouTube 頻道做直播。如果你的主題是大家關心的、如果你在危機之際堅持每天開臺講評，觀眾就會找上你，而且人數會大幅成長。這也是種莢。

現在就創造你的種莢策略，繼續 W.E.E.D.S. 的流程吧。問自己以下問題，並寫下你對於擴大種子觸及的想法。

我的種莢策略是什麼？

- 我有哪些不平等優勢，能夠借助別人的人脈和觸及？
- 我或我認識的人跟媒體內部有聯繫嗎？

- 我有認識能夠幫我傳播訊息的社群媒體網紅或名人嗎？
- 我有哪些特殊技能夠和受眾大量交流？
- 我認識的人當中，有誰可以成為我事業的轉介人？
- 我該怎麼吸引別人，開始照我的方式轉介新事業？
- 有捷徑能夠建立廣大的轉介人脈嗎？
- 我可以提供什麼東西來增加提及力？

第十三章

亮出你的刺——帶刺策略

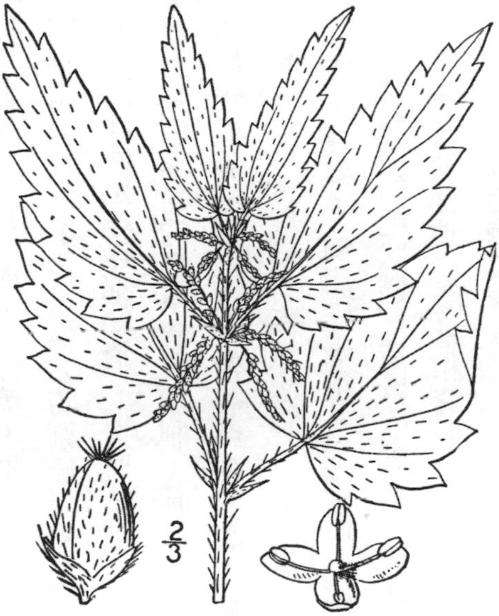

異株蕁麻（*Urtica dioica*）生長於全球大多數地區，在西北太平洋尤其普遍；有名的地方在於它會對生物造成嚴重傷口。異株蕁麻的莖和葉子都覆蓋了像毛髮一樣的空心尖刺，裡頭裝滿了毒素，會引起皮膚癢、疼痛與發炎。奇怪的是，蕁麻也被當成珍貴的食物和茶類。

圖片來源：©皇家植物園受託人理事會，邱園。

異株蕁麻是宛如軍事要塞一般的野草，插滿了危險的武器。它的末端覆蓋了像毛髮一樣的空心尖刺，輕輕一碰就會裂開，變成注射毒素的針頭。它傳達的訊息很清楚：敢惹我？想都別想！

有些野草以拓展為志向，憑藉種子、種莢、根系統來征服新領地。有些野草（例如異株蕁麻）則會用力宣示主權，極力防禦任何侵犯。這兩者是高度互補的進攻策略和防守策略。而任何足球迷都知道，你最好兩者兼備。

我們之前已經提過幾個出色的野草防禦機制：刺莧（第七章）會亮出超銳利的兩英吋尖刺。喜馬拉雅黑莓（第六章）帶著倒刺氾濫生長，輕輕一碰就會留下好幾道疼痛的擦傷。有些野草會散發有毒氣溶膠[1]，或是像毒漆藤（第八章），葉子上包覆一層油性物質，會讓人劇痛好幾週。金皮樹（第一章）這種像野草的樹，則覆蓋了與異株蕁麻相同的毛狀體，造成的刺傷也可能持續一陣子。

種子的拓展策略需要大量行動、能量和資源，但防禦策略就截然不同。尖刺與毒素只要用個一、兩次，就能夠發揮效果。我們都被植物刺過，傷口很痛，結果就是以後只要看到就會避開它們。

毒素的作用也一樣。有多少人曾經在夏天碰到毒漆藤然後長出疹子？這很快就會使我們以後在森林散步時避開這種植物。**只要傷害或痛苦真的具有威脅性，就能讓所有潛在挑戰者不敢造次。**

這就是 W.E.E.D.S. 模型中帶刺策略的目的。我們已經檢視過如何生產光靠自己就能極力散播的種子，以及如何藉由種莢擴大它們的範圍。我們會使用這兩種策略，帶著遠見拓展自己的企業。但現在，我們要來檢視該怎麼應用帶刺的防禦策略來威嚇侵略者，而這也將成為我們流程的一部分。

把律師想成公司的牙醫，每半年見一次

為了保護地盤，我們必須先宣示主權。野草會用強大力量和狡猾伎倆辦到這件事。至於企業則會先出示法律文件，再來才用到力量與行動。**專利保護創新，註冊商標保護品牌，版權保護原創內容，合約定義並執行我們的協議條款。**它們會一起保護我們的智慧財產、資產、聲譽和生存能力。**它們就是我們的刺。**

1 編按：溶膠指懸浮於氣體介質中的固體或液體微粒。例如雲、火山灰、病毒等。

我們不像野草天生就帶刺。這些刺需要警覺心、努力和資源才能長出來。也因為這樣，這些不可或缺的措施，經常被我們的事業流程給忽略。我們知道它們是必要的，卻很容易拖延；就像很多人不敢看牙醫，非要等到牙齒真的痛到受不了時才甘願。我們遇到危機時，就會因為當初自己沒採取行動，而付出好幾倍的代價。

為了有效建立和經營事業，專利、註冊商標、版權、合約相當重要。**假如你沒有要保護的事物，你就沒有待在商場的理由**。野草釋出的種子一定配有不平等優勢。它們堅守陣地的同時，就會發揮好幾個不平等優勢，使自己近乎不敗。最有成效的事業擁有許多不平等優勢，但它們也必須受到保護。

我特別強調這麼理所當然的事情是有原因的。我覺得我是很典型的業主，專注於令我興奮的事情。我是既有野心又有遠見的思想家，但經營事業，有些事情我也不得不專注。

W.E.E.D.S. 模型堅持要我們拓展自己的焦點。身為業主，我們時時都在險惡的環境中經營；公司的專利可能隨時被踐踏、別人可能突然有一千個告我們的理由。美國商會法律改革研究所公布了一份近期的研究：任何特定時間都有將近四三%的小型事業受到法律行動威脅，或正採取法律行動。

雖然我們無法阻止所有訴訟，但我們只要優先確保專利、註冊商標、版權和合約，就能避開大多數的官司。這一切形成了我們帶刺策略的基礎。它們共同構成了有力的保障，不過我們接下來會發現，**最有效的防禦，就是不必派上用場的防禦**。

> 把律師想成公司的牙醫，每半年見個面請他檢查一次。確保你的智慧財產被緊密的帶刺策略妥善保護著。

巴菲特的護城河，就是亮出來的刺

奈森．梅爾沃德博士是世界上最惡名昭彰的專利蟑螂。他是控股公司「Intellectual Ventures」的共同創辦人，這間公司擁有超過三萬個專利，多數屬於科技領域。

梅爾沃德開門見山的說道：「**與其把刺藏起來，還不如直接把刺亮出來**給大家看，這樣有效太多了！」他會在法庭上採取攻擊性行動，由此可見他是來真的，不是隨便說說。假如有人侵害他的專利，那個人就會付出代價。

專利就是刺，不但會讓人痛不欲生，還會非常丟臉。梅爾沃德真正的武器，是以可怕的攻擊性建立惡名，讓入侵者一聽就怕。

新創策略家沃爾夫說，專利在科技界常帶有負面意涵，而這是「專利叢林」（patent thickets）造成的——這個詞特別用來形容梅爾沃德的經營方式。但梅爾沃德反擊道：「想像一下，如果有人在不屬於自己的土地上蓋房子會發生什麼事？我們的**事業必須有防衛能力，才能好好經營。股神巴菲特（Warren Buffett）說這叫做護城河**。」梅爾沃德認為，只有帶刺才能有效防止自己的事業被併吞、奪走。

就某種意義來說，你可以把梅爾沃德博士想成二十一世紀的羅賓漢。他的事業基礎建立在幫助小蝦米對抗科技公司大鯨魚，他解釋：「發明是現實世界中最接近魔法的東西。有些智慧財產可能太早研發出來，但之後會很有價值。當市場開始有需求，而這個東西沒有專利，那就糟了。」

專利對社會來說不可或缺。它們會保護構想與祕密，所以大家才會投資這些東西，並將它們分享給全世界。否則持有者一死，他的重要發現就會跟著消失。

梅爾沃德接著提到十八世紀的知名小提琴製造商——史特拉第瓦里家族（Stradivarius）：「他們生產的小提琴是最好的，但這個家族太過保密，所以沒人知道他們怎麼辦到的。許多人研究過他們的作品，但沒人能弄懂，所以它們就失傳了。」

商業機密以及受保護的智慧財產，對於專利持有人和執照持有人來說，可能擁有極大價值。梅爾沃德提到，曾經有某家開發商的技術雖然太早進入市場，最後卻以三億美元的價格授權給英特爾（Intel）。即使這家公司已經倒閉，它的智慧財產也還是存在，而且很有價值。

如果沒有專利，以及像梅爾沃德這樣的人一路護送它度過申請流程，開發商會損失好幾億美元。

梅爾沃德也提到觸控螢幕技術的例子，它曾經變得既過時又無趣，科技社群認為它已經被淘汰了。但自從 iPhone 問世後，觸控螢幕技術突然又熱門起來：「這項技術剛起跑時衝得很快，突然間它又再跑了一次，而且還是衝很快。」沒有專利的話，開發商會錯過這項技術的第二個生命週期。如果想把它換成錢，就需要專利，以及一個願意在法庭上拿著專利死纏（或傷害）對方的人。

他說假如專利沒這麼帶刺的話，大家在創新方面就會有所顧忌：「我剛成立事業的那陣子，他們都願意申請專利。但專利法規修改之後，給人的感覺就是專利沒有刺了。」

專利所提供的保護變弱，或是近期的專利官司打輸，都是一直存在的風險。「假如高通（Qualcomm，無線電通信技術研發公司）跟蘋果打官司結果輸掉，專利的效力就會減少。」不過梅爾沃德補充說，大多數的公司還是很守法。**光是「害怕被罰」就足以維持秩序。**只要大家看到別人因為違規而嘗到苦果，我們就不必刺傷太多人。

我很欣賞梅爾沃德的使命，很有野草的風格。他對侵害專利的人提出訴訟，幫助社會維持商場秩序，進而幫助我們所有人。訪談結束時，我對他致上最高的讚美。「你完全就是一株野草！」我告訴他。而他也毫不掩飾的回答：「是啊！我可是帶刺天王！」對於一個努力捍衛各方智慧財產的人來說，這個綽號還真是貼切。

把梅爾沃德博士的精神與方法當成原型，管理你的智慧財產。如果有人侵犯你的財產，請狠狠攻擊他，而且要昭告天下。市場內其他人一知道你是出了名的凶狠，就會嚇到不敢犯同樣的錯。

談判要像野草：設定急迫的期限

一定有人懷疑：野草天性這麼凶猛，它們要怎麼跟別人談判？從野草的心態可以得知，它們兼具侵略性與急迫性，是個難纏的對手。但野草也會優先採取合作。在後面的章節，我們會見識到它們如何朝集體規模邁進，而這只有靠大規模合作才可能辦到。

因此，談判有兩種模式：敵對和擴張。在敵對談判中（例如前面提到的專利爭議），攻擊性能夠讓其中一方取得優勢，另一方則覺得毫無勝算。總是會分出勝負的。

在擴張談判中，各方會尋求團結，讓所有人一起變強。沒有輸家，只有贏家。野草會透過這些談判而茁壯成長；野草心態中的急迫性與侵略性、結合它們散播擴張性種子的傾向，就能確保它們想要的成果。

它們會借助種子策略中用來提案的要素，再注入一些特質，促使目標組織與自己達成交易。這些要素，再加上**積極且急迫的期限，將會是非常有效的交易促進方式**。以下將更詳細說明這些要素。

- **探索式對話**：雙方都認為有潛力，但這個潛力到底是什麼？野草會舉行簡短的會議，雙方都事先準備好筆記和想法。時間不要超過十五分鐘——急迫性會產生重要性。

雙方承諾在一小時內交出一份大綱形式的條件書（term sheet），並在一週內安排好下次會談（如有必要，期限可以晚一點，但不能超過兩週）。最好可以安排每週通一次電話，報告進度並發展下一步。持續動作是最重要的！拖延的交易根本就不是交易。

- **條件書**：整個談判過程務必要維持急迫與積極的精神。最好能擁有一份條件書，簡單的就好，無須正式文件，只要概略寫下一些因素和機會。用你的筆記本把它寫出來。最後將文字檔附在電子郵件上寄出，同時也要寄一份印了商標的PDF檔案。

一定要給對方壓力，讓他們並不想把這次交易機會拱手讓給競爭者。條件書應該要在探索式對話後一小時內交出來。別忘了，急迫性會產生重要性。

- **傳播要素：**第十一章關於種子策略的部分就有提到，野草會藉由能夠散播的種子來促進成長。而我們也要為交易帶來同樣的推動力，使其以正面的方式傳播到對方的組織。

做一份圖解資訊的範本、或是拍一部驚人的影片，以極具說服力的措詞，解釋這次交易提案的基本理由。正如我們在第十二章討論過的提及力，要讓你的傳播要素能夠輕易傳遞。將它們寄給你的聯繫對象，並請他們將這份資產分享給利害關係人和其他決策者。

- **合約：**條件書必須既簡潔又靈活，但合約一定要非常認真擬定。它應該要有攻擊性，但也要樂於合作。它必須有尖牙，請別再寫帶有以下這種意思的協議書：「我不是專家，我只想快點結束這部分。」這樣會使你日後發生衝突時，輕易被對方擊敗。

強制性的合約會展現出你是認真的，如果對方侵害你，你將會追殺他們。如果他們違規，就會付出代價。但只要沒發生這種事，雙方就能開開心心的攜手邁向成長和繁榮。

每件事情都應該有期限，尤其是涉及排他性的事情。如果對方想要排除其他競爭者，那就限他們三十天內完成交易。或者先跟對方收一筆費用，假如對方在期限內沒有完成交易，就沒收這筆錢；假如對方準時完成交易，就用這筆錢抵扣他應該支付的帳款。

公開分享，讓人們免費幫你宣傳

「開源」（open sourcing）是源自軟體產業的術語，意思是分享原始碼以促進合作，建立更強大的平臺。但這個術語的定義已經放寬，意思是**公開分享任何東西，以求合作和集體發展。**

馬斯克公開分享他的「超迴路列車」（Hyperloop）概念，它是大規模、超快速的運輸系統，位於巨大真空管中，真空管將從一座城市延伸到另一座。管內的座艙據說能夠承受噴射機的速度。其他人可以用這個概念去投資和發展自己的超迴路列車設計，馬斯克並沒有所有權股份。這可以視為帶刺策略嗎？

我覺得是。我之前也對「聯繫行銷」這個術語做過類似的事情。我刻意不給它註冊商標，因為我希望它傳播到所有銷售與行銷社群。與此同時，美國市場行銷協會封我為聯繫行銷之父，之後我還創辦了「聯繫行銷大獎」（Contact Awards）這個官方獎項，頒給該實務中成就最高的人士。因為這個術語沒有註冊商標，它就成了一項運動。

我的著作介紹了這個術語，而且我還是這個類型的開山祖師，以及聯繫行銷官方獎項的創辦人，所以關於這個術語如何使用，我還是有很多決定權。不過我也擁有全球性的人脈，他們實踐聯繫行銷，使其成為受到認可的行銷類型。

這聽起來有點像種子策略，而且它有一部分的確是。但也有一個受保護的領域，幫助我行銷我的服務和產品。除了我之外，沒有人可以聲稱這個術語是他的。我創了這個術語；我是這個類型的開山祖師。**這一切都在打響我的名號、建**

立我的品牌，所以它帶來的利益已經類似註冊商標。

用法律保護智慧財產，或者將它公開給大眾，都能夠創造優勢。從我的兩個例子你就會發現，聯繫行銷已經引起了全球性運動（拜我的著作所賜）；與此同時，用來保護本書智慧財產的帶刺策略也固若金湯，所以只有我的團隊可以提供服務。列出這兩種智慧財產保護方法的優缺點，然後決定哪一種比較適合你。

所有人都怕行業龍頭

天使投資人兼律師羅恩．布拉利（Ron Braley）說道，形式最簡單的帶刺策略，就是成為該領域的龍頭：「假如你要販賣一項產品，請確定它遠比市場內其他產品優越。**成為龍頭，就能威嚇大多數的挑戰者。**」但假如有挑戰者不怕你，布拉利說還有兩根終極尖刺：超深的口袋，以及超大的法務部門。

布拉利解釋：「微軟發展了一個充滿攻擊性的法務部門，專門用來消滅專利蟑螂。他們寄給大家一份 PowerPoint，展示出他們會花多少錢，以及微軟願意付多少錢賣掉他們的所有權。」這份簡報算是一種談判中的傳播要素，就像前面所介紹的。不過布拉利還是指出，光是讓對方「覺得」侵犯你的權利，反而會拖延他自己的擴張計畫，或是迫使自己改變路線，你就足以獲勝了。

律師兼創業家史考特．佩尼克（Scott Penick）認為帶刺是一種觀感，這跟「帶刺天王」梅爾沃德博士的看法不謀而合：「如果你的威脅對象覺得你的刺不太會痛，那麼你的策略就沒什麼效果。」

佩尼克以喜馬拉雅黑莓為例，他說：「黑莓還滿會威脅別人的，所以非常有效。如果你想告人，就要有告贏的決心，並且知道官司該怎麼打。」他建議大家深思熟慮之後再採取攻擊性行動：「如果你以尊重的態度對待別人，他們就不會提高戒心。」

但假如你遇到有人莫名的不講理，佩尼克建議你用帶刺的態度反擊，不過只要堅守立場即可，不必太負面。至於談判，他說：「我的心防一直都很重。對於自己暴露在什麼情況下，我總是很小心。」

科技業主管茱蒂．布赫霍爾茲（Judy Buchholz）同意佩尼克的看法，她表示說：「我盡量不跟壞脾氣的人打交道。但假如你真的要接受挑戰，請確定自己有決心對付他。」

帕蒂則說，執行帶刺策略並不是一件開心的事，但假如有人想要侵占我們的財產，一定要提高戒備：「以前有個小鬼偷了我的馬，他的律師居然跟我求償三百萬美元。於是我雇了一名私家偵探，跟我的律師一起保護我。對方以為我會低頭，但我沒有。要是誰敢偷摘我的花，我的刺就會亮出來！」

有時對方是想偷財產，有時則是想搶客戶，但正如 Nimble 創辦人費拉拉所言：「只要維持好關係，競爭者就無法見縫插針。」

野草會說，在任何情境下，採用野草策略會使我們的侵略性、急迫性、堅持不懈、適應力、韌性皆勝過對手。如果想要制伏侵略者，你必須比他們更像野草。因為野草打消耗戰從來沒輸過。

我的帶刺策略是什麼？

- 我擁有哪些智慧財產？

- 我怎麼保護自己的智慧財產？有什麼盲點？
- 我有定期找律師檢查法律保障嗎？
- 我還有哪些流程和創新是原本沒發現的智慧財產，需要受到保護？
- 進行擴張談判時，我有發展出快速產生傳播要素的系統嗎？
- 我的提案或談判過程是否經過最佳化，以求急迫性、傳播，以及滴水不漏的合約？
- 我在採取法律行動時，有準備好讓自己成為「帶刺天王」嗎？
- 我給別人的整體觀感是不好惹的人，還是好欺負的目標？

第十四章

遇上亂流，也能順利轉舵——分割策略

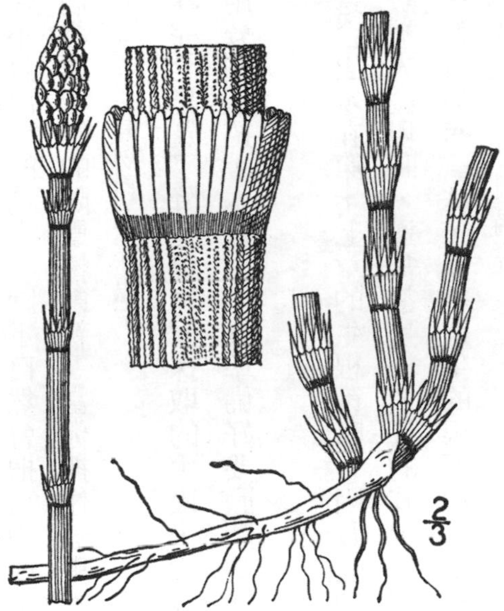

木賊（*Equisetum hyemale*）生長於北美洲、歐洲與北亞洲，是蕨類的親戚，分成好幾段的高聳莖部是它的特色。葉子像杜松，生長成環狀，圍繞著每個莖節。這種植物不會開花，散播方式是釋放孢子，以及營養器官繁殖——從大範圍的地下根系統發芽。

圖片來源：©皇家植物園受託人理事會，邱園。

木賊生長於許多地方，包括西雅圖，也就是我住的地方。它們出現在溼度很高的區域，就像又高又厚的草叢，很快就填滿它們不該填滿的空間。靠近一看，才發現它是一種古代植物、蕨類的親戚，外觀很原始。

因為它們出現在不該出現的地方，園丁自然會把它們從地上硬拔起來。此時我們就會見識到它們發揮巧妙的防禦性創新。當你抓住一束木賊的莖，然後使勁一拉，你只會滿手都是這種植物的小碎塊。

它的分割式結構完全是為了降低傷害而採取的手段，設計來避免自己被連根拔起。就算沒有使用分割這招，木賊也已經準備好要戰鬥到底，絕不輕易交出它們的地盤。

其實木賊也很適合出現在第十七章的生根策略，因為它的根系統也是很巧妙的不平等優勢。木賊被人發現時，通常都是一大片的其中一部分，但是它們的外觀會騙人，因為每一叢就只有一株，連結叢生的根部和水平的匍匐莖。如果沒有借助重型機械，根本無法除掉這個禍害。

只要觀察這些手段：大範圍且相互連結的根系統、會分割的莖，我們就能視其為有力的例子，在經營事業時照著做。野草會不斷利用不平等優勢，讓它們的種子全副武裝，散播到很遠的地方，以巧妙的發射機制拋向空中，並且藉由尖刺與毒素驅逐入侵者。我們可以見識到它們也延伸了不平等優勢，當它們遭到破壞時，能夠降低風險和傷害。

野草心態描述了一組行為特質，幫助野草在領域內戰勝敵人。在許多層面，它們是堅持不懈、侵略性與急迫性，然而適應力和韌性這兩個特質，在野草面對破壞時才會真正顯現出來。作為事業指南，木賊提醒我們，**要在野草策略流程中包含應對措施，被破壞時準備好快速因應。**

身為業主，我們會不斷面對來自各方的破壞——競爭者、變化的趨勢、新科技，以及經濟的波動。

繁榮與衰退的循環，就像季節一樣規律發生，但每次循環都有很多事業撐不下去，無法防止衰敗。為我們的事業「防衰退」，是每個業主的願望，但很少有人能夠成功辦到。

木賊展示了它面對破壞的做法，就是事先規畫措施以減少傷害，同時持續開疆闢土。它告訴我們要為事業防破壞、防衰退、防「流行病」，方法則是將新的不平等優勢內建於策略和流程中。

配合客戶的替代計畫——線上健身房

說到為自己的事業防衰退，我們通常會想到那些似乎不受經濟衰退影響的事業。當景氣變差，事業還是要維持責任保險，所以商業保險的業績一直都不錯。公司可能會改買較便宜的保險，對保險業造成一些破壞，但他們不會因為景氣差就不買。

餐廳的生意也一直都不錯，因為人們不會因為景氣衰退就不吃飯。速食連鎖店低價提供足夠的餐點，所以就算時局艱困，它們還是生意興隆。商業不動產持續茁壯成長，至少既有的租約還是持續帶來租金。畢竟企業在時局艱困時求的是穩定，可不想隨便搬家。

說到建立防衰退事業，健身房通常是理想的方案，因為會員受到長期合約限制，無論有沒有使用設施，都必須支付月費。

但是在新冠肺炎疫情期間，這些企業受到的影響反而最嚴重（保險除外）。突然間，我們不能離開家門、在擁擠的餐廳吃飯、在擁擠的健身房運動，以及在擁擠的公司工作。

餐廳、健身房、辦公大樓的業主，**本來一直都是怒濤洶湧中的穩定典範，如今卻最先沉沒。**

有些公司特別適合在家工作的新趨勢，因此產生爆炸性成長。派樂騰已經用它的居家健身房衝在前頭——精密且高價的健身腳踏車，加上透過視訊螢幕相互聯繫的全球性使用者社群。

課程採訂閱制、健身模特兒和教練都是一時之選——他們都很懂得在鏡頭前激勵大家再多踩幾下。這種組合在疫情之前就已經非常吸引人，而自從所有人都開始在家工作後，派樂騰就成為不能出門的健身愛好者最佳去處。也因此它們的收益也立刻飆升。

Zoom 是另一家因為疫情和在家工作而成功的事業。新冠肺炎改變我們的生活之前，Zoom 已是一個迅速成長的視訊會議平臺，但除了商業使用者之外，沒有人認識它。

話雖如此，**當我們全都在家辦公時，它的定位就變得很完美**。Zoom 跟其他視訊會議平臺不同，使用方式很簡單；只要點擊連結，你就能夠跟城鎮另一端、或世界另一端的某人談話。這個平臺不需要軟體，也沒有笨重裝置。無論什麼類型的電腦或手機皆可使用。它的運作方式無拘無束，而且世界因為新冠肺炎而處於封鎖狀態，反而給了它爆炸性成長的機會。二〇二一年 Zoom 的收益立刻就飆升將近五〇〇%。

與此同時，餐廳老闆、健身房，以及辦公大樓業主，都面臨一個最後通牒：轉舵或是倒閉。結果令人大開眼界。有些餐廳沒有準備好吸收衝擊，只好資遣員工、關門，希望事態不要變得太糟糕。

有些餐廳則迅速採用外帶制度，雖然減少營運，但還是維持住餐廳的生意。有些餐廳則一直主動發送電子郵件，而且已經持續在聯繫老主顧。他們已經做好最佳的準備，轉舵到新的模型，並且尋求顧客的支持。

我們知道衰退即將到來，也知道自己需要緊急計畫。除了基本面之外，試著請教客戶的緊急計畫，並且想辦法配合。最佳的避險方式，就是讓自己成為正常事業興衰循環中的必需品。

餐廳對於疫情的因應措施，正好示範了面臨突發挑戰時的關鍵要素：轉舵時的姿勢必須平衡。就跟武術一樣，戰士唯有姿勢平衡才能有效攻擊或防禦。**餐廳老闆與老主顧建立線上關係，就是在平衡姿勢；如此才能夠順利轉舵，並且以新的送餐制度出擊。**野草告訴我們，在分割策略中，我們必須想辦法擺出更平衡的姿勢。

擺出平衡姿勢，與老主顧建立聯繫

創業家保羅・哈里森（Paul Harrison）似乎有完美的方法。他擁有一個數位行銷事業，並且加盟了一家洗車連鎖店的幾個店面。即使這兩個事業截然不同，哈里森卻認為這個組合很棒。

他的行銷公司是動態的，當景氣繁榮時，想請他服務的公司大排長龍；但是當景氣變差，大多數的業主都會立刻裁減行銷預算。

不過這也在哈里森的經營計畫之中。景氣好，他會更專注於行銷事業；當時局艱困，他就更專注於洗車店。他絕對不會為了其中一個事業而捨棄另一個，但他的流程會隨著經濟局勢而改變。

景氣不好時，人們會想把車洗乾淨，因為這是唯一負擔得起的奢侈。因此他會將行銷重點移到洗車事業上。

這個方法很出色。雖然兩個事業截然不同，但事後證明它們高度互補。其中一個是**動態的**，在環境向上發展時可以產生許多收益，另外一個則是**靜態的**，**無論經濟狀況如何都能賺錢。但哈里森能夠將行銷重點放在洗車，藉此輕易增加收益。**

哈里森擅長收購經營不善的洗車公司，再把它們救活。所以只要有其他洗車店可以買，他的策略就越有發揮空間。這些店面在經濟衰退時的生意也很好——但是必須好好管理和行銷，所以總是有機會成長更多。

他的組合事業還有一個不平等優勢：身為經營者，哈里森也認識一群志同道合的創業家，他們都面臨同樣的挑戰，因此會不斷分享新策略。當其中一位創業家發現了新的勝利之道，就會很快分享給其他人。而且只要他的人脈中有人想賣掉洗車店，在對外兜售之前都會優先考慮賣給他。

身為行銷人員，哈里森很習慣將自己的專業服務提供給客戶，但他其實更寧願將它們應用在自己的事業。行銷是為了幫助事業成長而存在。當他談到自己的洗車事業時，顯然是用行銷人員的成長心態來經營的：「我們做的第一件事，是**提供十一美元的低價洗車服務給顧客，藉此交換他們的電子郵件地址**。九〇％會以原價再次光顧。這讓我們能夠建立巨大的資料庫，而我們認為它就是這個事業的根系統。」

有次某個店面因為附近施工，銷售額跌了三〇％，於是哈里森測試了各種優惠，結果讓業績一飛沖天。「我們測試了十九美元和二十九美元的訂價，結果吸引到更高階的客戶。」

這可不是單純喜歡經營洗車店就能說出來的話，只有真正的行銷人才懂得其中奧妙。這種專業層次創造出無懈可擊的組合，並轉變成真正的不平等優勢。它讓這兩個事業無論處於什麼局勢，都有忙不完的生意。這就是有效的分割策略！

經濟不景氣的時候，要跟你的顧客維持穩固聯繫。然而，平衡的姿勢必須要靠兩條腿才能擺出來。請拓展你的人脈，將腳步跨進互補市場。只要執行完整的 W.E.E.D.S. 模型，你的姿勢就會自動變得更平衡。

Uber 沒有取代計程車，只有修正問題

破壞的程度和特性顯然有好幾種。哈里森縝密構思的策略，讓他在可預期的衰退性挫折期間，依舊生意興隆。這很有道理，但假如遇到另一種破壞是無法預期、甚至無法想像的，那該怎麼辦？衰退是一種挫折。但我們知道衰退會到來，我們可以預防它們的影響，而且知道對哪個地方的傷害最大。

說句公道話，許多餐廳老闆都是非常聰明的生意人，卻在新冠肺炎疫情期間被迫停業，因為他們遭遇的狀況是無法預測的。計程車產業也一樣，他們並不知道 Uber 出現之後，自己的市場即將崩潰。這些都是市場的重整，或許更是整個經濟體的重整，讓他們產生永久的改變，直到下次重整到來。但問題在於，餐廳、計程車與租車公司，究竟能不能防範並緩和這些情況？

野草會建議，即使我們無法預測未來的事件，還是有很多方法，在任何情勢下，都能確保轉舵時必要的平衡姿勢。

主動建立電子郵件通訊錄和顧客關係的餐廳，在疫情期間就遙遙領先了競爭者。他們占了最有利的位置，也就是**改變自己滿足顧客需求的方式**。顧客還是需

要吃飯，還是想光顧他們喜歡的餐廳，但餐廳要提供適當的新解決方案給他們。餐廳老闆被迫創新，但只有建立線上關係的餐廳，才能獲得必要的管道，成功將他們的事業轉變成新模型。

他們肯定可以預測到電子郵件地址的價值，知道可以找到許多新方法與顧客聯繫，並服務他們。同理，你上次搭到服務很好的計程車是什麼時候？很多司機既粗魯又冷漠、車子很髒、繞遠路……如果拿出大鈔，他們可能還會抱怨！

計程車公司或許無法預測 Uber 的到來，但他們服務態度不佳的問題，很久以前就該修正了。結果他們成了「被 Uber 修正的問題」。他們擺出一副不想做的樣子，而當破壞來臨，被虧待的市場，很樂意離他們而去。

對手是私人、乾淨、保養得很好的車子加上禮貌的司機，計程車根本就沒有任何顧客忠誠度或特殊優勢。Uber 的司機從來不抱怨找錢，因為根本就不用找錢！錢都在手機裡。Uber 就像殺手的子彈，而計程車司機就是待宰的羔羊。

上述兩個例子為大家上了實用的一課，那就是**設法提高忠誠度、信任感和不受干擾的聯繫，藉此連結顧客**。我們平常就應該不斷轉舵和改革，不必等到遭遇破壞、挫折與重整才採取行動。我們應該持續採取行動！就像那些早該做出改變的餐廳跟計程車公司。

你幾乎不可能為想像不到的破壞做準備，不過你能夠先打好基礎（穩固顧客關係、不斷擴大的人脈、用來定期交流的老派電子郵件）。但也要有緊急措施，做好更充足的準備面對即將到來的變局。

想賣給所有人，通常都沒有人買單

品牌化大師布里爾說，他已見證過好幾次衰退與挫折，並且發現了成功的關鍵指標。「時局艱困時，公司總是先裁減行銷，但這樣真的好嗎？」他問道。他有一位客戶是寵物食品公司，在最近的衰退期間投資了品牌重塑活動，為公司的全面改革錦上添花：「他們去年成長了二〇〇％，這在經濟衰退的時代還真是驚人的成果。」

布里爾說景氣不好時許多業主都放棄了，但極少數加倍努力的業主卻反而茁壯成長。我們不妨思考一下社交媒體平臺 MeetUp.com 的故事，這個由許多團體組成的巨大網絡會定期舉行私人聚會。當新冠肺炎來襲，不少公司面臨倉促停業的危機。然而執行長大衛・西格爾（David Siegel）早就想好了計畫，將會面轉換至線上平臺。

他說：「目標是建立社群並維持聯繫，而且我們意識到，人們在社交孤立期間更需要它。」結果 MeetUp 從私人線下聚會平臺轉變成線上平臺，在疫情期間大幅成長。「我們過去十八年來從來沒在線上聚會，但網路平臺成立後的頭一年，就舉辦了超過一百萬個線上活動。我們的不平等優勢就是人脈，他們關心彼此，而且想要幫助彼此。」

《行銷手冊》（*The Marketing Book Podcast*）的 Podcast 主持人道格拉斯・伯德特（Douglas Burdett），贊同附和西格爾的看法：「**想要成功轉舵，你就必須認識與了解你的顧客。**」

他舉了一個例子：有家景觀設計公司在一般業務空檔期間，變成代客懸掛聖誕燈飾，以及販售木材的公司。他說道：「這些公司看到了其他公司錯失的機會。商業作家馬汀・林斯壯（Martin Lindstrom）也曾經提到一家在疫情期間轉舵的餐廳。他們轉型成居家供餐服務，讓大家可以在家享用餐點。如果不了解顧客需求的變化，就辦不到這件事。」

了解顧客是平衡姿勢的一部分，但商業媒合公司 Outbound Edge 的創辦人奧托拉諾說：了解競爭者也一樣重要。競爭者會不斷產生破壞，而且在經濟衰退時甚至更激烈。

他表示：「了解競爭者是誰，清楚表達你的價值觀、對抗他們的價值觀，並且準備好應付陷阱。」他還強調了另一個重點——讓自己成為分割策略這個專業領域中最厲害的人：「找到利基，**不要覺得你可以賣東西給所有人**。先定位你的顧客，然後拓展市占率。」

在轉舵之際捍衛市占率的關鍵要素之一，就是讓自己成為必需品。布拉利解釋：「不管做什麼，你都必須成為必要條件。讓自己無可取代吧！」瓦爾德施密特則說道，挫折或重整期間，我們必須簡化：「野草很單純。它們有任務就去執行。」他繼續補充，任何轉變都要遵循兩個法則：「**第一，讓別人非常容易跟你做生意；第二，要讚到大家想要更多**。」

認識並了解我們的顧客，並且讓自己讚到無可取代，這些都是實用的特質，但品牌策略家帕默說道，如果要激發忠誠度，那就發起一項運動吧：「有些公司欠缺核心價值。但假如他們能發起某項運動，成功吸引人們注意，顧客就會留下來，而且會付出更多。最好的情況是吸引其他顧客來參與這項運動。」

透過發起運動或優秀的顧客體驗來產生忠誠度，對於事業的生命週期至關重要，而且在轉舵期間，它會使人願意維持聯繫。但運動源自值得追求的構想，所以我們該怎麼在流程中建立這個必備要素？

超級聯繫人羅德里克說，我們應該持續產生並測試有前景的新構想。羅德里克也是一位百老匯製作人，他喜歡運用「結巴朗讀」[1]將構想從頭到尾測試一遍，以確定它是否有價值：「這讓我們得以觀察這個構想能怎麼運作，並且弄清楚有哪些是真材實料。」他的重點在於持續探索新構想——也就是新的轉舵方向，以備不時之需。

創業家佩尼克說道：「蹲在角落數零錢可不是因應衰退的方式。」他的解決

1 譯按：stumble throughs，戲劇的特殊用語，意思是演員初次將劇本從頭到尾念一遍，念錯或結巴也沒關係，只是想大概掌握狀況。

方法是持續經營一項副業，他解釋：「我和我太太都很熱衷於營養與健康。而且我們都很喜歡提摩西．費里斯（Tim Ferriss）的《一週工作4小時》（*The 4-Hour Workweek*）。」

佩尼克決定在市場環境好的時候採取行動，這樣當下一次（不可避免的）破壞襲來時，就能站穩腳步。後來，他們的副業變成一項完全外包的事業，一天二十四小時都有訂單不斷從世界各地寄來。他回憶道：「我們當初只是不想抱著：『好吧，我們先觀察情勢發展再行動』的想法。」

創業家教練馬泰爾建議，公司在生命週期中始終都要維持「正確的大小」，尤其是因應劇烈的轉變時，他表示：「衰退期間，足夠的裁減很重要，但不可以裁減太多。你必須維持正確的平衡。」

傳奇拳擊手麥克．泰森（Mike Tyson），就是靠著維持平衡姿勢賺錢，他有句話說得很好：「**每個人都有計畫，直到他的臉被揍了一拳為止。**」我們的工作一直都是保持敏捷與平衡。這就是分割策略的本質，不管接下來會遇到什麼情勢，都能夠茁壯成長、安然度過。

我的分割策略是什麼？

- 我可以做什麼事情，讓自己成為客戶的必需品？
- 我該如何消除顧客體驗與公司之間的摩擦？
- 我該怎麼讓事業擺出平衡姿勢，準備好改革與轉舵，以新方法服務顧客？
- 如果最糟的狀況發生，我的定位能否快速且直接的應付顧客？
- 我該怎麼跟每位客戶建立更穩固的關係？
- 我在下次衰退或其他形式的破壞期間，有什麼成長計畫？
- 我該怎麼讓產品或服務更多元，進而分散風險和擴大市場？
- 我該怎麼用新方法，傳遞服務或產品給市場上更多人？
- 哪些盲點可能在破壞期間徹底毀掉我的事業？

第十五章

小企業要避免公平競爭——葉叢策略

加拿大薊（*Cirsium arvense*）是蒲公英的親戚，被視為世界上最具侵略性的野草之一。它的葉子和莖部覆蓋了剃刀般尖銳的刺，並在地面長了濃密的放射狀葉叢。每一株莖部都會開好幾朵小花，小花會轉變成像蒲公英一樣的種莢，發射隨風飄散的高機動性種子。

圖片來源：©皇家植物園受託人理事會，邱園。

野草的種子是大自然的工程奇蹟，有超強大的散播力。它們的種莢，能將種子發射得又遠又廣，進而擴大了觸及範圍。它們的尖刺、皮下注射毒針，以及氣溶膠都產生了不平等優勢，能夠擊敗破壞者。

本書介紹的所有東西，幾乎都帶有某種形式的不平等優勢，涵蓋野草的所有生活層面。它們不只在一個領域擁有優勢；野草具備了所有優勢。加拿大薊就是很好的例子。地面上的部位全部都覆蓋了尖銳的「鐵絲網」。沒有地方能讓園丁抓住它卻不受傷害。

加拿大薊的小花也同樣有武裝，它播種時會釋放小型果仁，果仁會附在傘狀的招風絨毛上。在地下，加拿大薊會生出縱橫交錯的根部，與水平的幼芽纏繞在一起，而這種幼芽會長出新株，作為加拿大薊的第二種生殖方式。

身為菊科的一員，加拿大薊是蒲公英的近親，因此它也有提高競爭優勢的妙計。兩種植物的底部都有放射狀的葉片，這種**葉叢濃密到陽光和雨水無法穿透**。當我們在院子發現成熟的蒲公英和加拿大薊，要移除它們就必須在草坪留下大約十英吋的洞。**這完全阻擋了其他植物的競爭**，是絕對的不平等優勢——野草就喜歡這樣。

隨著我們逐步探討 W.E.E.D.S. 模型，你會發現更多重疊之處。本書的一切事物都是互相連結的。

高機動性的種子、巧妙的種莢發射裝置、帶刺與分割策略、借用別人的基礎建設來促進成長的藤蔓、儲存並保護生命力的根系統，這一切都是設計來產生不平等優勢，讓野草能夠散播、征服、支配。

野草告訴我們，我們也要做一樣的事情。從現在開始，千萬別再做無法產生不平等優勢的事情。

我們做事情並不只是因為「這件事的做法就是這樣」，我們會檢視所有可能的機會，讓形勢對自己有利。本章的目的，是**辨認並放大所有可能為事業帶來不平等優勢的因素**。

結合「層次」，你就有獨特故事

傳奇投資人巴菲特曾經總結過不平等優勢的本質。他說訣竅在於趁大家踮腳尖想讓視線更清楚時，站在箱子上，而且不要讓大家發現。如果附近沒有其他箱子，這個優勢就會變得不平等。不平等優勢是差異化因素，也就是護城河。它們本質上難以複製，而我們正是要尋求這種不平等的競爭優勢，才能像野草一樣成長茁壯。

當凱西成立凱西．愛爾蘭全球公司時，她擁有一個強大的個人品牌，這是她在當模特兒時就已經建立的。但她的居家用品品牌並不那麼有名。不過，她還是能夠將早期的知名度增值為全新的事物。她對於時尚與設計一直都很有興趣，而她的外貌與名字都已經受人信任。

凱西用過去的累積，在新領域打造獨一無二的品牌。她是知名模特兒，突然間就變成時尚家居的知名品牌，因為她將第二個層面（家居品牌）疊在第一個層面（知名模特兒）上——我稱之為層次法（layering）。她創造了一個只有她能存在的空間，一個專屬於她的品牌。它也是強大、出色、完全不平等的優勢。

我們所有人都能為自己增添層次。我曾經見過一位財務顧問——喬（Joe），他很努力想跟目標顧客見到面，卻不太順利。我問他休閒時喜歡做什麼？原來他是一位退休的高爾夫球選手。

我問他有沒有想過將兩個領域結合在一起——提供免費高爾夫球課程，藉此聯繫他的潛在顧客。將兩個領域疊在一起，讓他突然變成十分獨特且無法抗拒的見面對象。這成了他的不平等優勢、差異化因素與護城河，因為很少有財務顧問以前是高爾夫球選手。

大天使創業學院創辦人馬爾西科說每個人都有超能力，我們只需要找到它。就像經典的漫畫英雄，很多人可能會抗拒自己的特殊能力，直到我們發現它對於這個世界的效用。

層次就像發現超能力的過程——盤點自身能力，將它們層層相疊。我們可以為自己打造一組令人信服的優勢，就像喬將他的高爾夫球選手背景結合財務顧問。

商業書籍對於讀者而言一直都是不平等優勢來源。最成功的人都會持續閱讀，據說許多執行長每週讀一本書。試想一下他們吸收的集體智慧，以及這對他們公司產生的影響。

不妨考慮彙編一份自己的百大書單——然後記得一定要去讀！

巴菲特說不平等優勢太重要了，所以他只投資有這種優勢的公司：「投資的關鍵，不在於評估一個產業即將對社會產生多少影響，或者它會如何成長，而在於確定任何特定公司的競爭優勢，以及最重要的——優勢的持久性。」造成差異化、不讓別人進入市場，這種持久優勢就是不平等優勢的本質。

盤點你出色的能力、成就與特質。它們該怎麼層層相疊，形成你獨一無二的故事、品牌、產品、服務？它們該怎麼結合，才能創造出新的產品、服務和市場類型？仔細策劃這些細節，因為它們就是磚塊，能砌成你獨特且不平等的優勢。

五角大廈信條：避免公平戰鬥

不平等優勢怎麼來的？你需要自己挖掘、創造，還是從某個地方取得？這個問題的答案很清楚：三者皆是。隨著周遭變化，構想與機會將會不斷浮現。唯有不斷聯繫新對象、觀察有什麼事情已經變化，以及有什麼因應措施，我們才能找到新的不平等優勢。

當然，能不能找到還得看運氣。

不平等優勢也是可以取得的，例如學習新技巧；併購握有獨特的互補性、技術性或市場優勢的公司；取得權利讓自己與別人產生正向差異。正如巴菲特提醒的，訣竅在於**找到一個兼具護城河功用的優勢**。若想讓競爭優勢變成不平等，排他性相當必要。

退役四星上將麥卡夫瑞，熟知軍事行動中不平等優勢的本質，如今是一位事業顧問。**五角大廈的信條是避免公平戰鬥，並且「大勝」對手**。麥卡夫瑞說，這在商場上的意思就是：「進入障礙高到足以讓你賺大錢。」

創業家帕克也用軍事的角度來看競爭優勢，他解釋：「我偏好使用搶灘策略來進入市場。我會尋找大咖們不想要的東西，我會做沒人想做的事。」他利用自己與潛在競爭者的差異，蓋出一條護城河圍繞陣地，藉此創造獨家優勢。

馬泰爾說，在科技界，不平等優勢通常來自搶先取得API（應用程式介面）、獨家執照、先行者優勢，他認為：「最好的公司都是獨占者。」而這就是不平等優勢的重點所在——在市場內創造實質的獨占。

搶先取得和獨家執照都是「取得」形式的不平等優勢，但先行者完全是努力之後的成果。這種優勢是由公司創辦人從零開始建立，而這些優勢形式也是最有趣的，因為它們的存在完全在我們的掌控中。運氣跟錢都不會影響我們自己創造的優勢。

如果你有團隊，讓他們跟你一起搜尋不平等優勢。開放溝通管道，讓構想浮上檯面。有時最簡單的建議，可能會為你的流程增加效率。總是要留意能夠聯繫新對象的新機會。

黑胡桃效應：成為專業領域中的必找之人

除了層次，邁向不平等優勢的最簡單途徑，就是培養聲譽和品牌。再怎麼說，所有創新、工作、顧客互動的品質，都是自己要負責的。我們的聲譽與品牌強度，可以抑制競爭者。

野草生態學家安東尼奧．迪托馬索說這種效果很像化感作用——**植物將毒素注入周圍土壤，預防其他植物跑進來**。他說道：「黑胡桃很會做這件事。它的附近完全不會長出其他植物。」胡桃並不是唯一有化感作用的植物，某些草為了照到陽光，也會散發毒素，避免樹木生長。

布拉利對它的定義是：「**成為你專業領域中的必找之人。這就是你的不平等優勢**。」保險創業家山姆．華生（Sam Watson）甚至還用一個名詞來形容聲譽（至少在保險業是這樣）：持續率（persistency）。

持續率是客戶持續主動支付保險費的時間長度。而山姆的持續率正好是業界最高，他表示：「我的持續率就是保險公司組成的葉叢。它讓我能夠打電話給產業內任何一位執行長，並且要求任何事情。他們知道我的電話號碼，而且想要我的產品。」山姆的持續率就是他的不平等優勢、他自己建立的定位，沒有別的生產者能夠與他匹敵。

《富比世》專欄作家安德森說，葉叢策略就是「自成一類」——這句話出自作家喬．卡勒威（Joe Calloway）的著作《自成一類》（*Becoming a Category of One*）。安德森解釋：「菲爾茲咖啡（Philz Coffee）就是這種類型。沒有人會去光顧別的咖啡廳。它們已經變成社區中心了。」正是這種**品牌霸權**（無論地方、地區、全國、國際）**才能產生黑胡桃效應**。多虧了無懈可擊的聲譽和品牌所產生的扼殺效果，根本沒有其他競爭者能夠出頭。

軟體公司銷售長韋斯特引用作者洛克海德的例子——後者在其著作《吃掉八〇%市場的稱霸策略》（*Play Bigger*）開創了「類型設計」（category design）的先河。洛克海德主張，如果要達成所謂的葉叢策略，那麼用老方法與其他所有人競爭，根本就不會有成果。洛克海德囑咐大家務必**發明新的市場類型，然後從一開始就稱霸**。韋斯特則表示，擁有專屬自己的類型，就是擁有完全的不平等優勢，你可以藉此在任何地方，建立像亞馬遜一樣的品牌霸權。

創業家史坦麥爾說，亞馬遜可能是現今世上最像野草的存在，它有固若金湯的葉叢策略：「用谷歌搜尋任何產品，第一個出現的幾乎都是亞馬遜的購買連結。這讓他們能夠稱霸所有消費者市場。沃爾瑪（或其他公司）根本就沒有與它競爭的餘地。」

作家希恩也提到亞馬遜 Prime（Amazon Prime），它們提供更快的運送時間與其他好處，而且年費只要九十九美元，讓其他零售商無法與之競爭。亞馬遜其實在事業的每個方面都充滿了不平等優勢。它們目前是最像野草的現存事業。對亞馬遜來說這樣做當然沒問題，但對於我們來說，品牌霸權必須建立在小很多的規模上。

銷售創業家海曼則認為，如果要達成品牌霸權，你只需要獨創力：「具有支配性的品牌，像是蘋果、IBM、可口可樂，都是無所不在的。然而任何在活動中演講的人，也都使用了葉叢策略。他們獲得了最多注意，而在場所有人都聽到他們的訊息。這也是一種支配。此時沒有人會去想蘋果、IBM或可口可樂，他們會想到你。」

建立品牌意味著在過度飽和的世界脫穎而出。目前在社群媒體貼文的效果非常小，因為每個人都在做這件事。你應該試著與網紅、活動籌辦人、媒體組成新的聯盟，讓其他人熱烈吹捧你。

用不妥協的設計，生產夢幻產品

菲斯克知道創新與偉大設計有多大的力量，他解釋：「我在設計 BMW Z8 時面臨一個困難。我想製造一件藝術品，但也要考慮到工程和行銷，因此必須裁減成本、增加更多內部空間。但如此一來，比例就毀掉了。Astons 和 Z8 就是毫不妥協，才能產生強烈的情感訴求。」

菲斯克表示，設計能夠使我們快樂、微笑：「有時候你甚至不必擁有它就能享受。美麗的建築、老車、浴室，都能為你的生活增色，並讓你心情變好。」設計的強烈情感訴求，也能夠為生產者觸發不平等優勢。

我們對於「不妥協的設計」的喜愛，已經被蘋果利用好幾年了。我們可以發現它創造出了強烈的情感羈絆，就像 Astons 與 Z8 一樣。他繼續說：「我們正在創造夢幻機器！」

不過，菲斯克是汽車界的例外，因為大多數的概念車永遠走不到生產流程，但他在車展中展示的設計，都會真的生產出來。「我這樣做就能建立堅定的信任感。我說它很讚，那就是很讚。消費者會相信我。」

設計得很夢幻的產品，會吸引人們的注意，因為它很容易曝光。媒體很喜歡非常搶眼的故事，而大部分消費者也都是這樣認識產品的。所以這項設計產生了種莢效應，也產生了不平等優勢，因為它專屬於一家公司或設計師。

亞馬遜銷售策略長席德・庫馬爾（Sid Kumar）說，我們不會單純因為一次創新就保證有支配優勢。科技與模型必須符合急迫的需求。

「Uber 一飛沖天，因為他們解決了一個令人非常頭痛的問題。但許多 App 並沒有解決問題，或提供有吸引力的體驗。」正如麥卡夫瑞所指出的：「我們提供的產品是大家非常需要的嗎？如果不是，我們就有麻煩了。」

> 請投資頂尖創意人員的工業與圖像設計服務，藉此產生能夠啟發對話的產品與交流。美麗而深思熟慮的設計，能夠展現出高度能力、激發信任感。

亞馬遜唯一沒攻破的地區：荷蘭

在美國，人們覺得亞馬遜是稱霸全球的品牌，但並不是每個地方都這麼認為。荷蘭成長策略家安尼瑪指出：**在荷蘭，bol.com 才是線上零售的龍頭。bol.com成功抵禦亞馬遜的進犯，它的總部就設在它營運的地方（荷蘭）**。

「他們模仿亞馬遜，但只聚焦於荷蘭市場，因此創造出支配性的當地市場優勢。」安尼瑪解釋：「bol.com 利用了一個很簡單的事實——荷蘭人總是以荷蘭公司為榮。重點在於便利和觸及範圍，而他們把它弄得很簡單，所以亞馬遜就被擋在門外了。」

所以，實體地點也可以成為不平等優勢。在 bol.com 的案例中，它的存在激發了民族的榮譽心；然而，地點優勢還有其他表現方式。作者伊安納里諾說道：「看看星巴克。他們的店面位於主要道路兩側，而且每英里左右就有一家。」

星巴克的策略是讓自己無所不在，例如總是在主要道路或路口設點，這讓大家想喝咖啡時，能很清楚看到它們的店面。它們的地點策略真的是宛如野草一般的不平等優勢。星巴克的另一個野草策略也表現得很完美：以集體規模經營，本書稍後會討論。

地點優勢也可能源自它啟發的心境。「住在紐約、並在紐約經營公司，就是一種葉叢策略。」品牌策略大師布里爾表示：「它就像一間超難念的研究所。」布里爾說，紐約既嚴苛又競爭激烈的環境，把人們訓練得更有韌性、更足智多謀。當你與世界競爭時，知名的紐約心境居然也可以成為不平等優勢。

禮品公司 Reachdesk 的總部設在倫敦，創辦人亞歷克斯．奧利（Alex Olley）

發現這個地點非常有優勢。這個送禮平臺與美國的大公司競爭，但它的地點在英國，對於歐洲市場來說很理想，他解釋：「這件事情沒有別人在做。我們建立一個平臺，歐洲各種語言皆可使用。你的目標是在歐洲成長嗎？我們是唯一可以辦到這件事的公司。」

探索你的地點（或好幾個地點）如何有效的疊加在目標市場、產品、服務。有沒有可利用的不平等優勢？你可以因為地點而獲得特殊地位嗎？

人際關係，第一個賣出去的服務

創業家金發現了地點與人際關係之間的連結，他說：「假如你是小事業或新創公司，請務必先在當地發展事業。如果你想開園藝店，你就必須與其他園藝店一起發展。即使他們是你的競爭者，你還是可以做交叉宣傳。」

金建議想辦法互惠並尋找綜合效應。這又符合了本書稍後會提到的兩個集體規模經營策略以及藤蔓策略。這一切都很有道裡，但首先需要穩固的人際關係和聯盟，他分析道：「我的 Podcast 也是這樣做。我去接觸其他所有 Podcast 主持人，而且我們會邀請彼此上節目。後來才發現，原來聽眾很喜歡這樣！」

澳洲洗車連鎖店加盟主哈里森，也回想起自己早期是如何與汽車經銷商發展關係：「我們一開始想要盡可能增加顧客，所以努力與墨爾本的大型汽車經銷商建立關係。」這些關係成為哈里森初期的葉叢策略，有效的將競爭者擋在經銷市場之外。又一個不平等優勢。

但哈里森說，終極的葉叢策略就是他的顧客：「我們會站在車道上跟客人聊天。當他們的車子烤漆被刮傷，就會跑回來找我們處理；雖然價格是兩百美元，但**我們不必大力推銷，因為服務已經賣出去了。這就是人際關係的力量。**」

Nimble 創辦人費拉拉的事業多半都是靠人際關係經營的，他說道：「市場會決定誰能獲勝。」他說當穩固的人際關係搭配支配性的品牌、甚至名氣，串聯起來的不平等優勢就會大到難以攻克。「到這個地步，有誰還想跟你競爭？」

有很多方法能夠找到、取得或建立競爭優勢。不平等優勢更好，因為它們意味著排他性，可以確保沒人能闖入你的空間。

我們觀察野草用來獲勝的策略、特質和手段，會發現它們做的事情都帶有不平等優勢。種子是超級傳播者；種莢加強了傳播力；野草保護自己的方式、將別人拒於領土之外的策略、尋求聯盟與管理物種的手段，以及成長與散播的流程，全都以高水準運作，因為它們有不平等優勢。

本章的目的、也就是葉叢策略的目的，是提升我們對於「該怎麼處理事業的每個方面」的想法。野草告訴我們，沒有帶來不平等優勢的事情就千萬別做。當想要採取新動作，或改善現有的事業時，開口的第一句話應該是：我們的不平等優勢是什麼？

野草會自然而然的拓展關係網路，而你也應該如此。找人結盟，甚至跟競爭者結盟，設法創造互惠。同時也要擦亮你的品牌與聲譽，讓競爭者毫無餘地。

我的葉叢策略是什麼？

- 我現有的不平等優勢是什麼？
- 我可以做什麼事情，讓它們變得更強，並且應用在更多地方？
- 我們做的所有事情都有內建不平等優勢嗎？
- 我的百大書單是什麼？
- 我可以上哪些課程來充實技能？
- 我還可以在哪裡找到更多不平等優勢？
- 我該怎麼獲得獨家的新優勢？
- 我的故事是什麼？該怎麼把它化為不平等優勢？
- 我有名的地方是什麼？
- 我喜歡做什麼？
- 我認識哪些人？
- 我該怎麼把這些因素疊加成新的不平等優勢？

第十六章

我能給誰帶來價值——藤蔓策略

紫藤（*Wisteria sinensis*）原產於日本、中國與美國東部，是一種很顯眼的開花藤蔓，因為具有裝飾性，經常有人栽種它。其纏繞的藤蔓可能生長到非常龐大的規模，最有名的例子位於加州馬德雷山脈，占地超過一英畝，重達 250 噸。這種植物的生長很快就會失控，傷害觸及範圍內的其他任何東西。

圖片來源：©皇家植物園受託人理事會，邱園。

《莫斯科法則》（*The Moscow Rules*）作者門德斯，非常了解該怎麼偽裝自己的真實意圖。身為CIA前偽裝官，她擅長的策略是誤導別人，目標就是讓探員越不顯眼越好：「那種電梯裡的邊緣人，你根本無法形容他。」當然，揪出敵方間諜也是CIA的工作。雙方都知道，壞蛋沒被發現的話，就有可能造成極大的傷害。

門德斯住在一塊四十英畝的地上超過二十年。這塊地大部分都是森林，不過裡頭有一大塊空地可以蓋房子和院子，附近則有許多成熟的植物和樹木。其中一側種了耐寒但相對小株的紫藤，它會不斷開出大片懸垂的芳香紫色花朵，也是門德斯的最愛之一。

有一次她和她先生決定把它們移植到院子邊緣，鄰近幾棵巨大的老橡樹。然而，紫藤在新地點突然採取行動，攀上幾棵橡樹的樹幹。門德斯當時還不明白，她的紫藤能夠每年長十英尺，並且迅速長到七十英尺高。當她發現橡樹被攻擊時，就立刻採取了反擊。

「當我們意識到它快要把其中一棵樹推倒時，便拿出小斧頭砍掉它。」她也注意到紫藤用的是典型的間諜技術，她解釋：「直到行動結束前，你都不能被發現。總有一天你必須表明自己的身分，但在此之前都要保持低調。」這正是紫藤在做的事。

撇開間諜故事，藤蔓也非常適合爆炸性成長，因此事業的藤蔓策略格外重要。它是合作與夥伴關係的本質，**讓公司能夠借助別人的基礎建設，獲得大量銷售通路**、**追隨者**、網絡、建議、人際關係、品牌霸權、可信度、買家、資金、智慧財產，以及其他資源。這樣的聯盟是很重大的成長之道——對野草與事業來說都是。

當附近有可以攀爬的結構，藤本植物就會運用出色的策略來快速成長。這種植物並不會長出很粗的樹幹，而是把資源集中在維持生命的根系統（持續供應水和營養），而用來吸收養分的藤蔓，只需要簡單幾根附有葉子的維管束，就能進行等同於一整棵樹的光合作用。這就是超越一比一規模的經營方式，也將會成為我們拓展事業的策略。

隨著逐步探討 W.E.E.D.S. 模型，我們會發現每個層級是怎麼交織的。種子本來就已經具備很棒的機動性模式，如果再跟巧妙的發射機制結合起來，效果就會更好。與此同時，漫遊的藤蔓會不斷探索垂直的結構，藉此立即升高野草的位置，以便照到更多陽光。我們都在大自然看過這些景象，但它在商場看起來會是什麼樣子？

免費試用，就像特洛伊的木馬

大概就像費拉拉的試用策略吧。他是 Nimble 的創辦人兼執行長，而 Nimble 這個軟體是社群媒體的「軟體即服務」（SaaS）顧客關係管理平臺。這套系統會追蹤顧客活動，也會蒐集聯絡方式、關鍵興趣，以及其他有助於建立關係的資訊。**費拉拉的目標受眾是所有使用社群媒體的人**。這麼說一點也不誇張。

假如有無限的資金，他可以花好幾百萬美元建立用戶群。但野草告訴我們，有個更快、更簡單的方法，就是使用不花錢的藤蔓策略。費拉拉的試用策略已經青出於藍，他得以接觸到兩個全世界最大的網路用戶群。**Nimble 的試用版突然出現在 Microsoft Outlook 與 Google Workspace 平臺。這等於出現在三十億個使用者面前**。

這還真是高招。把試用當成種子策略真的很精明，尤其對於 SaaS 平臺來說。

唯一的成本就是一點點處理時間，提供一個暫時免費的服務，接著讓使用者跨過付費牆。

費拉拉說試用不只讓銷售額上升——當一個人開始使用這個平臺，它就會擴散到整個組織，他解釋：「Nimble 就像特洛伊的木馬。你會把它引進你的事業，而且還會替它傳教。」

在一個使用者超過三十億人的平臺放上自己的服務，每個服務每天都會留下許多印象，加起來就是撒出一大片種子。作為種莢策略，你很難想到比它更令人印象深刻的力量乘數。

而作為藤蔓策略——也就是借用別人的基礎建設開拓更多市場——你也找不到比微軟和谷歌還強大的夥伴。這一切都漂亮的綁在一起，為費拉拉的公司創造出野草一般的完全不平等優勢。

如果只聚焦於藤蔓的要素，Nimble 的例子告訴我們，努力找出尋求與別人合作的機會，借用他們的基礎建設，取得更多新的銷售通路和網絡，讓事業的規模突然變大。

對的藤蔓（正如費拉拉所發現的）可以讓激烈廝殺的事業層級產生立即變

化。顧客、收益、新市場、更大的市場滲透率，以及資金都是爭奪的對象。這些東西在商場上等同於陽光。而這種陽光對我們來說多多益善。

誰是我們的夢幻夥伴，有能力在一夕之間改變我們的規模？用有說服力的傳播要素，擬定一個藤蔓策略計畫，讓自己非常容易被別人提及，然後去跟他們打成一片。看看你是否能獲得一些可以扎根的夢幻夥伴關係。

找合作之前，先想想：「我能給誰帶來價值？」

藤蔓策略的基礎在於「為了互惠而與相關團體合作」。這其實很簡單。**每一方都提供有價值的東西給彼此**，使一加一大於二。**參與者的相對大小並不重要**；《財星》五百大公司可以跟個人業主合作，雙方皆可獲得巨大價值。但為了像野草一樣成長，我們應該把焦點放在「具有獨特力量乘數的夥伴」。

Nimble 的試用可以當成我們的原型。作為新創公司，費拉拉將產品放在微軟和谷歌的平臺，還真的是妙計。後來 Nimble 開始成長，但還是比這兩間大公司小很多。新創小公司也能與微軟和谷歌建立夥伴關係，並接觸到它們三十億人的用戶群；這個例子應該能讓我們鼓起勇氣，制定自己的藤蔓策略。

Reachdesk 創辦人奧利用自創的藤蔓策略成立公司——一個送禮平臺，協助銷售團隊與目標對象見到面。「我們的買家是從事B2B的業務員，所以我們就努力和他們混熟。」奧利與他的團隊跑去參加每個他能找到的商業活動，停在每一個攤位，等在那裡的就是他的目標受眾，他說：「我們會參加所有活動，跟我們的核心受眾聊天，這樣就不必花錢。」

奧利的藤蔓策略是**借用活動主辦單位的基礎建設**，接觸他們的受眾——**剛好也是他的目標客戶**。不需要簽訂合約，就只是有個機會可以免費參加展覽，並且跟每個逛攤位的人聊天。這些人就是需要 Reachdesk 服務的業務代表，也是奧利成立事業時需要的買家和影響者。

他也非常借重 LinkedIn，這成為 Reachdesk 藤蔓策略的一部分。奧利的團隊會在平臺上舉辦競賽，獎品則是他們的產品。「有一次我們問說：『想寄萬聖節禮盒嗎？』這則貼文產生一千五百個以上的標籤，突然間我們的集客式行銷不必花錢了。」

Outshine 總裁布林也說，他的公司因為藤蔓策略而快速成長：「我們剛開始的所有成長，都是透過藤蔓達到的。」Outshine 為數位廣告提供資料分析和加強，讓活動成果最佳化。廣告代理商可以使用這個服務來強化自己的商品和績效，所以他們自然樂意推薦 Outshine 給客戶。代理商與 Outshine 合作越多，他們的活動就越成功。

這就是藤蔓策略的典型例子。Outshine 需要顧客和成長，代理商需要競爭優勢來強化客戶的成果。他們提供互補的服務，彼此都強化了對方的產出。**相對大小並不重要，重要的是搭配之後的綜合效應**。共享的成果比個別加總起來還大，所以廣告社群自然會出借他們的基礎建設，以獲得自己的不平等優勢。

行銷公司副總裁史考特在他第一份工作（挨家挨戶兜售教育叢書）時，就發現了藤蔓策略的力量，他回憶道：「我們會直闖一座新城鎮，設立店面，然後試著打進當地市場。重點永遠都是增加自己被提及的次數，再來是現身的次數。」史考特的流程是為了快速發展藤蔓策略，他建立了轉介的人脈。藤蔓策略讓史考特的名聲響徹整個城鎮，使他很快就照到溫暖的陽光——產品銷售一空。

借用基礎建設的方法很多。有可能是設法接觸龐大的用戶群，例如 Nimble 和 Outshine 的例子。有可能是簽訂正式協議，或是低調行事，例如 Reachdesk 剛成立的時候。或者有可能像是史考特的快速市場進入流程，建立轉介關係，讓越來越多顧客願意開門聽你說話。

你在擬定「潛在夢幻夥伴名單」時，**不只要想到有誰會為你帶來好處，也要想到你能為誰帶來無比的價值。**

找誰借人脈？網紅是觀眾的領袖

社群媒體創造出一種全新的轉介者：網紅。影響者（influencer）早在人類剛出現時就已經有了，但社群媒體大幅強化他們的觸及。他們的重要性暴漲，使得傳統媒體衰退。借用網紅的基礎建設，意味著能觸及上百萬人，而他們都準備好要聽從領袖的推薦。

MYOB銷售長韋斯特回想起自己的成長軌跡——他借用其他網紅的人脈，增加自己的追隨者；替別人的部落格寫文章，並且現身於別人的 Podcast。他解釋道：「我不想耗費心力製作自己的 Podcast 或部落格。然而，我的藤蔓策略有了回報，我在社群媒體的存在感大幅提升了。」

創業家教練馬泰爾說，借用追隨者的藤蔓策略，就像腳踏車選手騎在別人後面以降低風阻。這個概念是借用別人的動能來增加自己的動能：「SaaS 社群整天都在做這件事。Shopify 配銷獨立 App 時，發現他們可以將這些 App 拆開再依附在其他平臺，進而產生爆炸性成長。」馬泰爾說藤蔓策略是這至關重要的角色，它讓科技新創公司能夠自力更生、邁向成功。

作家希恩說道，聯繫網紅很簡單，但是也必須謹慎才能聯繫到「對的網紅」——「Fyre 音樂節（Fyre Festival）[1]有很多網紅參與，結果呢？滿糟糕的吧。」不過希恩也說，**如果是那些與你志同道合的小網紅，那麼接洽他們的方式其實很簡單，就是幫助他們脫離困境**。「這樣你必定會獲得回報，也就是驚人的優勢。」

創業家金說，社群媒體雖然很浪費時間，卻也是想借用基礎建設時的絕佳去處，藉此與人聯繫並建立關係——尤其是跟其他網紅。「我追隨蓋瑞・范納洽

（Gary Vaynerchuk）[2]好幾年了，而且一直想要邀請他上我的 Podcast。」但金並沒有立刻詢問對方，而是放長線釣大魚。「我看了他的影片、在貼文下留言，並且回應他的推特發文。」

當范納洽出新書時，金突然間發現了機會：「我買了一些他寫的書，還貼文說我等不及要把它們推薦給亞洲各地的人們。」這麼做引起了范納洽的注意，並且加深了他們的關係。後來范納洽也幫助金，使他的關注度與事業都獲得爆炸性成長。

行銷執行長傑克・科薩科夫斯基（Jack Kosakowski）提到一種稍微不一樣的影響者，他們不一定是網紅，他表示：「**累積屬於自己追隨者吧。這是最快的成長方式。**」這很有道理，而且也是建立集體規模時的核心特質，本書稍後會討論。一批擁護者大軍不斷推薦你的產品或服務，這就是邁向爆炸性成長的捷徑。

---

1 編按：發生於二〇一七年，融合大型音樂表演及各種在熱帶小島的奢華活動，最後演變成為大型龐氏騙局。

2 編按：美國創業家、作家、演說家及網路名人。

他說：「許多事業耗費很多心血來累積自己的受眾，但這是錯的。花時間跟你的影響者相處，效果會好很多。」

遺產管理服務 WE Trust 共同創辦人舒莉・威爾補充：「當你的轉介夥伴招募到其他轉介夥伴，你的人脈就會像野草一樣成長。」她表示，關鍵在於建立支配性的聲譽：「我們把客戶當成家人一般照顧，好評很快就會傳開了。我們從來就不需要銷售團隊。因為客戶會幫我們銷售。」

百老匯製作人羅德里克則偏愛他能私下聯繫的影響者，藉此啟動他所謂的「聯想槓桿」。他解釋：「如果別人能將我與某人聯想在一起，他們的大腦就會自動假設我跟那個人是同等級的。」羅德里克在他的戲劇製作實務上不斷利用聯想槓桿，定期召開產業座談會。

「大多數的高階人士都想好好利用自己的時間，所以我邀他們擔任座談會的專家。」羅德里克已經用這個方法，吸引到一些百老匯知名製作人擔任座談會嘉賓，在他的同儕面前現身。

「當觀眾看見我在臺上主持討論，每個人都會開始覺得我也是其中一位頂尖製作人。」他用這種方式借助了頂尖製作人的聲望，照到溫暖的陽光，讓他製作的戲劇得以籌到資金並且上演。他借來的地位變成真正的地位，而這個流程就相當於不平等優勢。

將影響者納入你的藤蔓策略夥伴清單。他們或許沒有龐大的顧客通路，但肯定能為你產生大批顧客。藉由有說服力的傳播要素，以及慷慨的收益共享計畫，強化你的夥伴關係吧！

不恥下「借」，亞馬遜用資源換智慧財產

雖然大自然的藤蔓不會往下長，但商場的藤蔓會。新創策略家沃爾夫說道：「亞馬遜利用很多藤蔓策略。他們建構了任何人皆可利用的配銷框架，藉此為自己的事業創造巨大規模。」當藤蔓策略涉及兩個大小天差地遠的事業，小公司總是會希望能借用大公司的基礎建設來擴大規模。這通常是為了獲得龐大的新銷售通路。

但大公司也同樣獲得巨大回報，因為**他們得以使用小公司的智慧財產**。亞馬遜對於自家平臺上的每件產品、每本書、每個店面，都是這樣做。他們是很有侵略性、稱霸全球的數位行銷與配銷公司，在領域內擁有許多不平等優勢。而這個平臺不賣那些無趣或沒用的東西。亞馬遜藉由向下觸及的藤蔓策略，獲得強大的槓桿作用。

從另一個角度觀察藤蔓策略還滿有趣的。我總是在思考，該怎麼跟能夠提升銷售額的人合作？假如我們是比較小的那一方，就必須端出既誘人又獨特的智慧財產，並且受到健全藤蔓策略的妥善保護。或許我可以舉我自己的情況當例子。

我除了會寫書，還擁有一個行銷事業，其中包含一個收錄一千五百多張漫畫的圖庫。獨特之處在於，所有漫畫都有個人化的說明文字，可應用於行銷。世界上找不到第二個像這樣的圖庫。而且這些漫畫是某個系統的一部分，這個系統有價值數百萬美元的超獨特測試體驗作為後盾。我是將個人化漫畫運用在各種行銷活動的世界首席專家，而且內容受到保護。

這肯定有資格成為獨特且受到妥善保障的智慧財產。當我希望跟某些大公司建立夥伴關係，或者直接跟他們做生意，它給了我不平等優勢。它讓我能夠向上結盟，獲得極大的協同作用。

更棒的是，漫畫還能結合策略，讓行銷成果極大化。正如我提過的，早期的兩本著作出版之後，我被人稱為聯繫行銷之父，因此這份超獨特的漫畫資產，成為受過檢驗的解決方案，幫助銷售團隊能夠見到更多高層決策者、讓信件的效果更好，或讓電子郵件的開信率加倍。

我已經將自己的事業定位為獨角獸，它的智慧財產如果被大公司用於基礎建設和流程，就會成為他們的全新不平等優勢。我輕輕鬆鬆就建立了夥伴關係。如果你的公司是比較小的那間，你的藤蔓策略也必須發展獨特的不平等優勢和智慧財產，而且要用帶刺策略小心保護它們。

前《富比世》品牌長（Chief Brand Officer）布魯斯・羅傑斯（Bruce Rogers）也表示同意：「對小公司來說，夥伴關係是撒出更多種子的方法，而這也讓大公司更加敏捷。」

然而，他也說道：「假如夥伴關係無法創造出你原本自己做不到的事情，那就不必建立這段關係。」任何夥伴關係如果想成功，就需要雙方都受益，而且都有感受到綜合效應。

創投資本家戴森則是提到軟體和電腦事業，當作向下藤蔓策略的成功例子：「經銷聯盟對電腦事業來說非常必要。賽富時（Salesforce）、普華永道、甲骨文、惠普，全都為他們的經銷聯盟和 App 開發者開啟了市場。」他們都明白，**為下游夥伴創造強大的銷售通路，對自己的成長而言也相當重要**。

接觸比自己大的公司，你就是在請他們向下結盟。你也應該做同樣的事，與較小的公司或獨立個體結盟，他們可能會為你的企業帶來獨特的不平等優勢。

有效藤蔓策略的要素

- 互惠：可行的藤蔓策略必定會讓各方互蒙其利。各方應該都要很期待他們可能從這段關係得到的利益。
- 共生、綜合效應：夥伴關係應該滿足雙方的特定需求，而且作為成果的利益，其總和應該要比雙方個別的貢獻還大。它應該要產生夢幻組合——某種在市場中極度獨特的事物。

- 獨特價值：夥伴關係的差異化特質，應該要為雙方帶來市場中的不平等優勢。否則這段夥伴關係就沒有存在的理由。
- 不造成傷害：夥伴合作時，必須捍衛彼此的事業與聲譽，藤蔓策略應該是帶來互惠，而不是互相毀滅。

藤蔓策略的基礎，在於借用基礎建設來為雙方創造不平等優勢。它讓每個參與者都能立刻提升他們的市場地位。大自然中大多數的植物都無法改變自己的高度，藤蔓是植物界中唯一能夠改變高度的結構，藉此獨占陽光。

正如 Nimble 的例子一樣，有效的藤蔓策略可以改變事業規模的一切相關因素。藤蔓策略的效果應該像飛機衝破雲霄；突然間，你脫離灰暗的霧霾並飛進陽光，也就是更高的銷售額、收益和利潤。我們所有人都需要這種陽光，才能像野草一樣成長。

我的藤蔓策略是什麼？

- 如果想開啟龐大的新銷售通路，哪些公司是我們理想中的夥伴？
- 哪一類公司是最理想的幫助對象，可以從我們這裡獲得最大的利益？
- 哪些種類的夥伴關係能夠幫助我們最快成長？
- 我們可以與夥伴建立排他性，阻擋競爭者進入市場嗎？
- 我們必須提供哪些重要的智慧財產和不平等優勢，才能找到比自己更大咖的夥伴？
- 我們的藤蔓策略向下觸及會有好處嗎？
- 誰是我們向下觸及的對象？
- 哪些影響者可以成為我們的夥伴？
- 我們有哪些獨特的不平等優勢，必須提供給影響者？
- 在確保藤蔓策略的人際關係時，誰是我們的競爭者？該怎麼取代他們？

第十七章

流程能讓工作變事業——生根策略

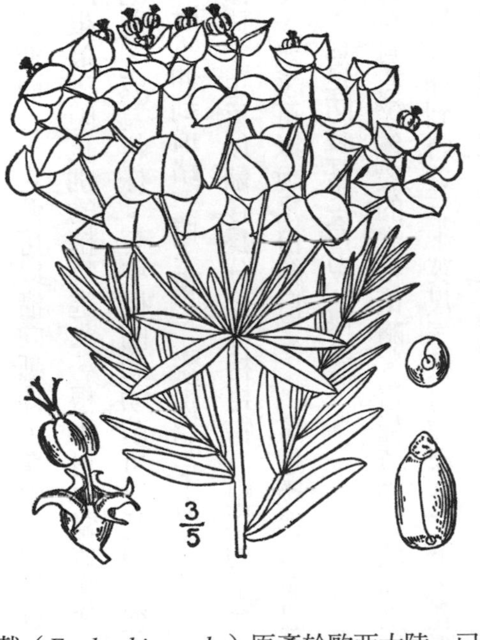

乳漿大戟（*Euphorbia esula*）原產於歐亞大陸，已經散播到北美洲的草原。它的繁殖方式是透過爆炸性的種莢射出種子，以及從大範圍的根系統長出新芽。它會長出密集且大規模的根系統，搶先吸收水分，並阻擋其他植物進入。

圖片來源：©皇家植物園受託人理事會，邱園。

在大自然中，根系統通常能決定哪個物種可以贏得地盤之戰。深扎的主根就是一種策略性武器，提供重要的水分管道。乾旱期間供水很吃緊時，根扎最深的植物就會獲勝。

但根不只是往下延伸而已。它們可以橫向延伸，產生隱密且具攻擊性的柱狀物，或是無法穿透的根叢，阻止別的植物進入。根也可以當成次要的生殖方式，垂直的幼苗會穿出地面，成為新株。有些橫向的幼苗可以延伸到很遠的距離，讓植物能夠繞過任何障礙，伸到道路、擋土牆、建築物的下方。

根能夠覓食、滲透，也可以儲存養分，維持植物一整年的生命。植物的地下部位除了照不到陽光，幾乎可以說是自給自足——這是經過精密設計的機制。根就是植物的專屬座位，也是防護其生命力的保險櫃。

乳漿大戟這種野草具有鋼鐵般的生根策略。這種植物在地面上頂多長到幾英尺高，但在地面下可以延伸到將近三十英尺。在這種深度之下，乳漿大戟的主根會持續儲存充足的水分，而其他植物會在乾旱期枯死。

根系統不只是扎得很深，它也可以變得又大片又密集，一株乳漿大戟的根部最多可以橫跨十五英尺。這樣的根叢成了對抗任何競爭者的要塞。雖然乳漿大戟的繁殖策略是使用爆炸性種莢來發射種子，但它的根部也是計畫的一部分，會到處冒出新芽，立即創造出集體規模。

乳漿大戟的生根策略範圍實在太大，等於是植物界的冰山，整體有九〇％沉在地下。然而，這種野草長成密集的樹叢，非常適合草原上的掠奪生活。它最大的防禦機制是根部組成的大規模網絡，使其幾乎不可能被消除或控制。

在植物界，根是價值與生命力的存放處。在商場上，生根策略能夠將真實、持久、迅速成長、可轉換的價值給極大化。

生根策略的本質：讓工作成為事業

身為創業家，我們的神聖使命就是創造並累積價值。而價值來自能夠改善客戶生活和事業的產品和服務。但真正重要的，是事業本身真實且可轉換的價值。我們所追求的，一直都是增加事業的價值。

這就是 W.E.E.D.S. 模型中生根策略的目的：**管理資源與價值儲存，以確保事業能一邊運作，一邊成長自己的價值。**

財務顧問通常都有責任告知客戶，他們事業的真正本質是什麼。這並不是一件愉快的事。他們通常都會想到一些天馬行空的產品或服務，卻沒做能建立真實價值的事。顧問通常會最後告訴客戶：「你建立的是一份工作（job），不是一門事業（business）。」

在我們的世界，價值的衡量來自收益指標、流程、智慧財產、聲譽／品牌、網絡、人際關係、通路；以及實質資產，包括現金、不動產、設備、天然資源、商品。但在野草的世界，事情就單純許多：資源和流程——我擁有高水準經營所必備的資源嗎？我的成長流程是什麼？

本書從頭到尾，野草都在分享它們既簡化又聚焦的訊息。在某些例子中，例如野草心態的樂觀主義，訊息是：「讓行動引導情緒。」在W.E.E.D.S.模型中，訊息是：「不要只專注在你最喜愛或最舒適的區域，八個層級都要以同等的心力來經營。」而在生根策略中，訊息很簡單：「**建立價值，專注在流程和永續性。**」

人類容易把事情看得太複雜，結果毫無作為。而在商場上，毫無作為就會導致災難。我們有各種考量要顧及：資產會貶值；租約和保險之類的成本很高，它們的結構還會顯著影響要繳的稅金；現金的投資和管理方式；還有股票選擇權、所有權股份、股票類別等一大堆東西。野草告訴我們，**如果要建立價值，就必須把事情簡化。**

如果你的公司沒有財務專家，去請一位來幫你制定生根策略，才能替你的事業建立價值並且極大化。

CIA如何把凡人訓練成英雄？靠流程

在野草的世界中，價值是由領地支配權來衡量的。它是由戰鬥勝利的次數，以及堅持不懈的能力來計算。正如我們在本書中看到的，**流程讓種子能夠一直獲勝。而且它們總是謹慎的管理資源，以確保永續性能夠橫跨生長季**，橫跨資源充足的時期、資源稀少的時期，以及危險的時期。

在商場上，**流程就是專業知識與經驗該如何累積、建構與分享到整個組織，**讓每位成員都能發揮高水準的專業與效率。而許多企業經常缺乏這方面價值。

流程顧問莉安・霍格蘭—史密斯（Leanne Hoagland-Smith）估計，**七五％的中型企業，以及九五％以上的小企業，都完全沒有正式流程。**這表示他們不但無法建立價值，反而讓營運非常沒效率。

每次有新的團隊成員到職，就必須重新規畫適應期。營運需要花更多時間，而且還可能犯下不必要的錯誤，導致顧客就這麼流失了。這可以說是事業中的一大盲點，也是我們在達成創業使命之前可能遭遇的大失敗。

野草在這方面就比較單純。它們的流程是自動傳承的，內建在DNA裡。它們不需要訓練或說明書；這一切都是自動的——也都是流程的一部分。我們做生意也必須像這個樣子。**這就跟產品與服務的收費一樣必要**；如果不這麼做，事業就無法運作。事實上，直到流程完整記錄下來，並有效率的分享到整個組織之前，都還不能稱為事業。

這一切都跟軍隊、甚至CIA的運作方式很像，麥卡夫瑞將軍表示：「軍隊就是巨大的訓練機器。它將平凡的人轉變成有英雄般能耐的人。」麥卡夫瑞回想起一九九〇年伊拉克戰爭「沙漠盾牌」（Desert Shield）行動前二十小時，他們的參謀長突然換人了，並說道：「因為軍隊的深度訓練，所以我知道三個替代人選都沒問題，而且可以在幾小時內就掌握狀況。」

流程終究是一個計畫，但它有十足的彈性可以適應新狀況。前CIA站長梅迪納如此解釋：「在你能力所及的地方成長，通常會比較好。與其照著總體規畫走，還不如照著地形走。」梅迪納形容這個機制讓野草能夠依靠現有流程，同時一直維持平衡的姿勢，準備好轉舵到新的方向，並為流程增加新要素。

如果這令你想到了分割策略，絕對不是你會錯意。W.E.E.D.S. 模型的每個策略層級、野草心態的每個特質，以及「像野草一樣拓展」的每個要素，全都是流程的一部分，野草（以及我們）會用它在市場內成長、拓展與支配。但前提是我們必須致力於記錄並使用流程。

流程的關鍵是為事業建立價值，而生根策略也必須建立永續性。根系統從土壤蒐集並儲存水分與養分，並且隨著情況變化，自動分配到需要的地方，權衡未來的需求。它或許會自動發生，但也是複雜的管理流程，可能牽涉到庫存、預期攝取量，以及計算時間和變化。

這是商場上持續不斷的戰鬥——例如「在手頭上保留充足的現金，以應付每天的營運與意外事件」這種基本的事情。

立刻開始為你的事業部門記錄流程。你可以寫一本手冊，也可以拍一部簡單的影片。請一位團隊成員負責彙整並記錄已建立的流程；組織流程資產，這樣才會比較容易確定方向，並用它們來協助新團隊成員度過適應期。

生根策略委員會——關鍵員工就是你的內部智庫

比起野草世界的流程與原始資源，商場上還有更多價值層面。野草的生活比我們單純，它們不必同時應付專利、版權、註冊商標、不斷變化的人際關係、通路、網路與品牌權益之類的事情。

不過它們傳遞出來的訊息——也就是「簡化」——還是很吸引人：不要把事情想得太複雜。無論事情是什麼樣子，**我們的工作就是策劃與最佳化**。策劃事業的本質與生命力，並使其最佳化。

我們在第十三章已經提過怎麼保護智慧財產，但保護跟策劃是兩回事。請把你的無形資產組合（智慧財產、人際關係、品牌）想成無價的藝術收藏品，展示在高級的藝廊。它們是無可取代的藝術作品，所以當然會受到保護，避免遭到偷竊和破壞。

但假如這些資產要展示出來，那就必須精心策劃。將相互襯托的藝術品擺在一起（不同主題、每位藝術家的作品該擺在藝廊的哪個位置），攸關這次展覽是否能夠成功。這一切都取決於策劃的品質。

培養並策劃我們的智慧財產、人際關係和品牌，對於拓展公司價值來說非常重要。這些「收藏品」需要我們持續留意，才能確保它們可以發揮最大效用。

現場的情況不斷在變化，時常帶來新的威脅與機會。生根策略的功能，就是監控這些事情，並且以此為根據來策劃。隨著事態變化，有沒有新的機會可以善用我們的智慧財產？我們的創新是否突然間就能符合新市場的需求？有沒有可能（或想要）取得新的專利？

策劃公司價值並使其最佳化的使命，是最重要的責任。在企業中沒有比這個更重要的工作。許多業主有個明顯的傾向，就是「保住自己的地盤就好」，但野草建議我們另一種做法。

本書稍後會審視野草用來建立規模的簡化法。它們捨棄了一比一槓桿，以集團形式一起努力達成使命。它們總是利用團隊合作所產生的巨大槓桿作用來營運、生長。

野草建議我們，**讓利害關係人也參與營運，與我們組成團體**——並成立「生根策略委員會」。它有別於董事會，是**由高階主管、經理和關鍵員工組成的內部智庫**。每位參與者都應該有股份，或許還要用股票選擇權或獎金來激勵大家提升公司價值。這甚至可以擴大到所有員工，成為一種建言管道，目標是**改善流程，以及善用被忽視的公司資產**。

這不是平常的做事方式，尤其是策劃公司價值，但野草很清楚這一點。它們的成功和競爭力，源自毫無缺陷的執行力以及集體努力。巴菲特在一封股東信曾說：「我身為董事長的職責是（a）好好對待營運公司的經理，（b）別妨礙他們，（c）分配他們產生的資本。」這番話似乎與野草一致：比起個人，團隊才能建立價值。

如果原本就有團隊，那就賦予他們權力，讓他們成為公司集體規模的一分子，並且分享報酬。如果沒有團隊，那就建立一個。想像一下智庫的力量，它會不斷改善流程、策劃資產，並讓事業價值最佳化。這就是生根策略的本質。

> 思考一下可以找誰加入你的生根策略智庫——而且要樂在其中。他們可能來自公司內部，也可能是外部的專家和思想家。或者你可以再狂一點，去邀請一位高人氣作家或商界名人。

一年生策略：新創公司的成長重心

現在該回頭來講點複雜的東西了。沒有任何事業是完全相同的，流程也是。要素可能很類似，但任一家公司的專業知識集合都獨一無二。而且讓事情更複雜的是，成長軌跡有兩種模式——迅速與持續，就跟植物分成兩種一樣：一年生與多年生。

它們的壽命、使命與策略都截然不同。一年生植物正如其名，遵照一個為期一年的計畫，每十二個月發芽、開花、播種、死去。這個顯而易見的策略，將整個物種視為單一、集合的生物，每株植物都只是個細胞。

物種繼續活下去，每年以全新的細胞更新自己。這樣最明顯的好處就是能夠

迅速進化並適應。

一年生植物承受了極大的壓力，必須繁殖出充足的數量才能維持地盤，而這需要相當大量的種子。我們之前討論過的加拿大蓬和糙果莧，就是年度策略的最佳範例。

它們是播種天王，每株糙果莧最多可生產四百八十萬顆種子，而加拿大蓬的種子將近二十五萬顆，能夠朝四面八方飛行到三百英里外。與此同時，這些野草迅速的進化過程，使其能夠免疫大多數除草劑，例如過去短短幾年，它們就已經對 Roundup 免疫。

一年生植物的生活步調很快，而且每年都可能面臨全部滅絕。但是數百萬年來，它們的流程每年都能在逆境下成功。

相較之下，多年生植物就比較沉著冷靜。它們有好幾年的壽命，使命就是**建立更多永續的生命力貯藏處**。

一年生植物將策略的重心放在種子，多年生植物則是放在根部。這些植物不會因為衰老而死。它們就是為了存續而打造的。

這兩種方式（進化／流程、永續／成長）顯然差很多。它們帶來了實用的見解，讓我們知道野草策略用在新創公司和私營企業（被別人繼承或收購）時的差別。關鍵在於所有權的轉換步調。

新創公司必須一邊募資、一邊度過所有權的快速轉換。它們從天使募資的幼苗成長到ＩＰＯ（首次公開募股）的歷程必定很短。投資人想要快點讓自己的錢翻倍；這些公司就是商場上的一年生植物，擁有野草般的特質與迅速拓展。它們活得很快、適應得很快、動得很快。

有許多公司倒了，但有些就成為我們都聽過的「獨角獸」（就像 Uber、SpaceX、Zoom 那樣）。

「多年生植物」公司則採取不同的路線邁向卓越。它們也急著要擴大規模，但通常是透過有機成長辦到的，不一定有外部投資。更可能是憑一己之力爬到領域的頂尖地位，並在路途中建立價值。

我們會發現**種子策略會是新創公司的成長重心**，就跟大自然的一年生植物一樣。而生根策略對於不追求ＩＰＯ的私營企業來說比較重要。但無論是哪個情況，「建立並記錄流程」這個任務，對於它們的使命成功與否都很關鍵。生根策略依然是流程的核心。

方法取決於所有權轉手的速度，但無論如何都必須發展並記錄流程，才能創造事業價值。如果你不想親自記錄（大多數的創業家都不想），那就雇一位顧問幫你記錄。反正不管怎樣，搞定它就對了。

現在，我們已經學到了兩個要素（流程與永續性）、兩個行動（策劃與最佳化）、兩種類別（一年生與多年生），以及一個使命（創造可轉換的價值）。當我們在討論「讓事業價值成長」這種複雜議題時，野草已經告訴我們該怎麼簡化與釐清。而在這種簡化的框架中，我們能夠用新的眼光看待複雜的事物。

品牌化專家凱西蘭說：「**企業每天都在獲取信任。**」我們應該將這句話納入流程（該做什麼才能得到顧客信任？）、永續性（信任感能夠建立品牌強度，吸引更多顧客與收益），以及策劃與最佳化（品牌強度越大，事業價值就越大）。MYOB銷售長韋斯特告訴我們，價值將近一兆美元的 Salesforce 是圍繞著平臺建立的，我們可以把這歸類為策劃與最佳化。

職涯教練肖伯談到善用多條收入流，我們可以把它看作維持永續性的方法。美國保險公司（Insurance Office of America）執行長希思．瑞特諾（Heath

Ritenour）、銷售創業家海曼談到顧客優先與扶植顧客的成功，我們知道它歸類在人際關係策劃與價值最佳化。

無論我們是討論流星般的新創公司、堅若磐石的私營中小企業、大型上市公司或個人創業，一切我們認為能夠替事業建立價值的事物，都能夠井井有條的歸類到**生根策略環環相扣的四個部分：流程、永續、策劃、最佳化**。

這樣我們就比較容易理解怎麼建立公司的真實價值，因此再也不會聽到「你在做的只是一份工作」這種話。

工作沒有根，但有價值的事業肯定有。

我的生根策略是什麼？

- 我的退場策略是什麼？
- 我的公司有哪些資產？
- 我握有哪些智慧財產？
- 哪些關鍵的人際關係維持著我的事業？

- 我的人脈是什麼？我該怎麼把更多「對的人」加進來？
- 我的公司有什麼樣的聲譽？我們該怎麼改善它？
- 市場中的人會怎麼描述我們的品牌？
- 我們可以做什麼事情來強化品牌價值？
- 我們該怎麼策劃資產並使其最佳化，以產生更多價值？
- 誰應該納入我的生根策略智庫？

第十八章

培養內部文化、外部社群——土壤策略

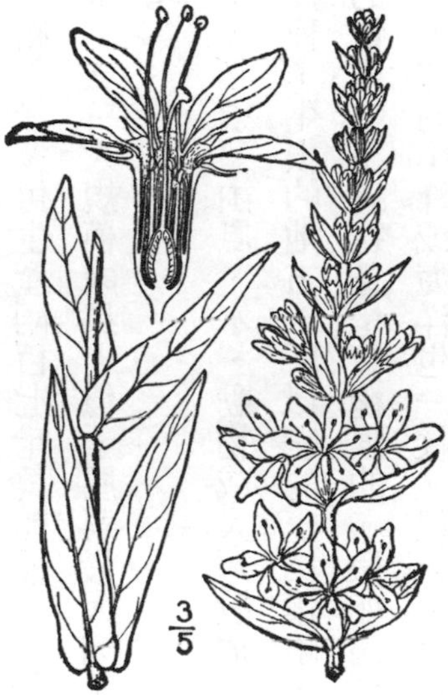

千屈菜（*Lythrum salicaria*）在十九世紀從英國貨船底艙傳到美國，稍微妝點了河畔與沼澤，並以嚇人的凶猛氣勢阻塞下水道。每株千屈菜每年最多可以生產 270 萬顆種子。它偏愛生長於潮溼的土壤，茂密的根部也可以長在數英尺深的水中，或是鄰近水位線的乾燥土壤。

圖片來源：©皇家植物園受託人理事會，邱園。

又高又尖的鮮豔花朵，偽裝了千屈菜的侵略意圖。它是一種美麗的植物，在歐洲與亞洲等地，為河岸與溼地增添色彩。但到美國後，天然競爭者消失了，因此成為一種具有侵略性野草，阻塞了其他物種通往濱水草皮的道路。

這種植物的成長策略很有侵略性，它們會大量生產種子，以及組成宛如要塞的根部結構。每株千屈菜最多可生產兩百七十萬顆種子，同時茂密的根部會形成一個類似柵欄的底架，支持大規模成長。但千屈菜最大的不平等優勢，是它對於**土壤條件的高容忍度**。

許多植物的種子，必須藉由風、水、動物或人類散播出去，種子落在哪裡就長在哪裡，無法選擇種子生根的地方；所以它的土壤策略，就是**無論落在哪裡，都要充分利用當地的資源**。不過這還是有極限的。假如蒲公英的種子落入水中，它就不會發芽；落在下雪的山峰或海洋也一樣。但只要落在其他地方，它就有機會茁壯成長。

水太多對於大多數的植物來說都是很大的阻礙，但對千屈菜來說不是大問題。機率的常態分配，讓兩百七十萬顆種子必定會落到各種條件的土壤，甚至會困在溼地的草皮上。大多數種子會在岸邊生根（最佳狀況），但有些種子會落入水中，有些則是落在乾旱的土地上。無論落在水邊、水底或乾旱土地，千屈菜都有本事落地生根。

這項挑戰很困難。想像一下，你可能出生在水底、也可能落在乾旱的土地，然後就要在那裡度過餘生。這簡直像是兩個截然不同的物種。對於多種生活環境的適應力，就是千屈菜的不平等優勢。

現在，我們也要探索這種不平等優勢。

野草只能適應土壤，但人可以改變環境

野草無法改變它們所處的條件。無論種子落在哪裡，那裡就是生根的地方，而且它們會充分利用當地的資源。

所以某種程度來說，它們確實**透過野草心態控制了土壤條件**。它們哪裡都不去，也絕對不會放棄。野草會入境隨俗，留下來茁壯成長。本書的目的就是將同樣的野草心態，灌輸到每個人心中，而人類在這個領域其實是有優勢的。

我們擁有機動性；野草沒有。我們可以憑空發明新東西；它們不行。我們的

言行會發揮影響力、進而改變結果；野草沒有這種選擇。不過當我們審視可以參照的土壤策略選項時，仍然必須承認，野草心態也是成功的原動力。

先前麥卡夫瑞將軍談到作戰中士兵的職業道德：「為了把工作做好，他們願意犧牲性命。」為了達成目標而不惜赴死，就是對於勝利最大的奉獻。麥卡夫瑞說，無論想贏得什麼東西，都必須具備這種心態。他問道：「大家是否認為你是團隊的一分子、而且有通天的本領？大家可以指望你嗎？」

有了正確的心態，就能大幅改善成長環境的品質。我們的槓桿作用包括內部文化條件、順暢的溝通、留住人才，以及發起內部運動。外部因素包括社群、願景、運動、法規，以及市場可行性／時機。接下來，讓我們看看土壤策略如何運用於改變事業的成果。

為了改變成長條件，我們必須從內部開始，也就是致力於團隊發展。你的團隊就是你的軍隊。你可以考慮雇請發展教練，培養團隊的野草心態（詳見本書結尾「與我聯繫吧」這部分介紹的野草心態訓練營）。

內部文化：迪士尼從員工職銜開始

任何組織的團隊成員都希望命運能由自己掌控。他們越有影響力就越快樂。當他們知道自己所貢獻的事物，能夠讓生涯更上一層樓，他們的工作就會更有滿足感。成員對於工作越投入，組織的成長速度就越快。

朝氣蓬勃的公司內部文化、有幸跟大家一起寫歷史的感覺，正是成長的力量乘數。如果一個團隊光是「成為它的一分子」就能使人充滿能量，那麼這個團隊的行動自然就會像野草的集合。他們會打勝仗，像公司老闆一樣跟人談判，並且興奮的在社群媒體貼文支持自己的工作。建立強大的內部文化，就能改變事業的土壤條件，讓它成為最佳成長環境。

內部文化或許是由組織內一組共同的行為和目標所定義，但為了我們的土壤策略，我們必須稍微升級一下：

內部文化：團隊成員共享的心態，對組織有很深的歸屬感和重要性，在重大的時刻、願景與故事發展中，扮演重要的一分子。

每個人都希望自己以及他們的貢獻很重要。二〇一三年，華頓商學院教授亞當・格蘭特（Adam Grant），發表了一份關於喜願基金會中西部分會的研究——它們的員工職銜都是自己取的。這起源於職員去迪士尼樂園旅遊時，發現迪士尼員工的職銜都改成了「劇組演員」。於是他們也想為自己變出異想天開的職稱，這樣或許能夠減輕工作壓力。

不久後，執行長變成「願望神仙教母」，「願望經理人」變成「快樂回憶製造者」。格蘭特的結論是，這些**新頭銜讓員工感受到「一種被肯定的感覺以及心理安全感，進而減少情緒耗竭。**」命名大師瓦特金斯指出，團隊假如更快樂、更滿足，就會更常在社群媒體上談論自己的工作。

如果單純改變員工的職銜就會有這種效果，想像一下在其他地方給他們更多自主權會怎麼樣。

前ＣＩＡ站長梅迪納說，拘泥於形式就不會有創意：「我喜歡雜亂而自然的花園。」而她的前提是，領導者應該想辦法讓團隊更自在相處。「太多先入為主就會扼殺創意。情報體系都比較正式——階級分明。我總是想找個不同的做法。」結果就是明顯更強的團隊文化。

歸屬感和滿足感很重要，但我們還可以做更多事情，改變內部成長環境。作家瓦爾德施密特說，激進內部文化的關鍵源自一種使命感：「倉皇失措的公司有一大堆流程，卻沒有熱情或目標。關鍵在於啟發人們超越自我。」

另一種發展更大觸及的方法，就是發展出「非你不可」的聲譽。主管教練尼爾森解釋：「想成為團隊成員，就必須讓自己轉型。我們必須覺得自己應得、且值得成功。其中一個方法就是讓我們的產品或服務成為必需品。」

所以，滿足感、歸屬感，以及做出重大貢獻，會創造出獲勝的文化，但內部文化有沒有更高的境界？有的。參與社會變遷、新願景，或是歷史性的一刻，都可以改變任何一個人的觀點，並創造出強烈的團結一致感。

不妨雇用一位「故事顧問」，為你的團隊定義並灌輸一種「就是此刻／我們正在寫歷史」的使命感和意圖。或者考慮一下，讓你的團隊決定他們想幫助哪些慈善機構，以作為公司使命的一部分。重點在於激發熱情和想法，以「為你的公司效力」為中心。

讓員工做自己想做的事

前《哈佛商業評論》編輯、顧問凱特・史威特曼（Kate Sweetman），正在致力於幫助企業形成「內部運動」。這個構想是打造一個自我實現的平臺，幫助團隊成員完全融入工作和組織。

當員工發現他們是某個（比自己大很多的）整體的一分子，在工作時就會具有更高的參與度。

「3M就是很好的例子。」她說的是這家公司邀請員工參與的方式。「公司裡所有人，每週都要抽出一天發展自己想做的計畫。」假如發現值得開發的東西，他們可以彙整一份企劃書。在這個流程中，任何員工皆可成為內部創業家，甚至在公司內成立自己的部門。

「便利貼就是這麼來的。一位員工將研發失敗的黏著劑，用在教會的讚美詩集上當作簡便書籤。他們很快就發現這可以用在任何地方，於是將它變成熱賣商品。」所謂的「機會」不只是做一份工作，而是**成為事業的利害關係人，這樣肯定能形成強大的內部文化**。內部運動不僅是如此而已，它讓大家為了公司而熱鬧活動起來，沒有它就不會發生這些事。它啟動了員工團隊的集體規模，真是非常聰明的方法。

亞馬遜的做法有點不一樣，但成果很類似。他們的「駭客松」（Hackathon）活動，邀請參與者參加二十四小時的比賽，探索特定問題或機會的解決方案。團體的大小限制為「人數只能吃掉兩個比薩」。

史威特曼指出，這些活動創造出一個**由人組成的生態系統，橫跨公司內外部，他們都為了使命而奉獻心力**。

科技公司的定位，似乎特別適合創造這樣的生態系統。史威特曼表示：「蘋果用 App Store 辦到這件事。它們傳遞的訊息是：『我們需要你為這個新平臺開發 App』。」

根據上一次計算，這個商店裡頭有兩百萬個 App 可供下載。「當個 App 開發者」成為影響廣泛的運動，觸動了每個消費者的生活。

而既然我們在談論土壤策略的要素，史威特曼的最後一個例子應該是最貼切的：摩洛哥的一家肥料企業集團。

起初這家公司的成長陷入停滯，於是他們打算用一個快速的周轉計畫解決這個問題。但這家公司想要幹得更徹底一點。史威特曼解釋：「他們心想：『我們不能只關心自己。我們要種出一片野草地！』」

這家公司帶動了整個社區的發展，一開始先成立一所大學和一家工程公司。接著他們請員工每年抽出二十八天，協助社區發展。他們先資助小型的新創事業，接著贊助一座大型港口的建造。這家公司太成功了，整個國家的GDP有三%是它貢獻的。

他們的哲學變成：「試著發展摩洛哥，而不只是發展公司。」想像一下，假如世界上所有公司都以此為使命，那會是什麼樣子。每個地方的土壤條件都會改善，而且所有市場都能受益。

賦予團隊權力，使他們成為公司的合作者，進而產生更遠大的目標。讓他們告訴你，他們想做什麼事情讓公司變得更好、更有效率、更能獲利、更像社區的一分子。

不妨考慮讓團隊成員創造自己的頭銜。如果他們的職銜有道理又能夠提振士氣，那就讓這些職銜變成永久性的。

先建立社群、再建立產品

有些公司完全就是以發起運動為專業，而這對事業來說真的很棒。巫師娛樂公司（Wizard Entertainment）、Ace 動漫展創辦人山莫斯，回想起他年輕時就是自己口中的「宅男」，完全沉迷在漫畫書與超級英雄之中。

「『科技宅』（geek）跟『書呆宅』（nerd）以前是貶義詞。」他解釋：「但我完全不在乎。我持續努力推廣漫畫和超級英雄，而且不明白為什麼其他人沒看見它？」他說的「它」，就是即將到來的巨大浪潮，後來成為現今的 Ace 動漫展以及超級英雄現象。

「這些角色就是讓它如此成功的因素。」但其實它也點燃了社會運動，幫助那些覺得被社會邊緣化的人——書呆宅和科技宅。山莫斯把他們變成酷哥，還給他們一個能夠聚會和慶祝的地方。

如今，Ace 動漫展成為了全球性的運動，歡迎數十萬名參觀者，見到他們喜愛的漫畫或科幻電影演員。山莫斯成功將他的公司轉變成巨大且充滿多元性的「酷小子」派對。

馬爾西科的觀點與山莫斯相同，他創立了 Archangel——這比較像是一個社會運動，而不只是一間公司。他的動機跟山莫斯類似，認為我們內在都有超能力。「任何運動都是從真正相信它的人開始的，接著再像野草一樣散播出去。」馬爾西科認為運動是成功的必備條件，也是宛如野草一般的不平等優勢。**每件事都變成以社群為基礎**，而不是以交易或傳統的客戶基礎來成長。

不過馬爾西科也說，建立社群並不只是一個行銷策略：「**先建立社群，再建立產品**。當你這麼做，人們（顧客）就會陪你度過剛開始的艱難時期。這一切都從這句話開始：『我們想服務這些人。』」

到最後，**建立社群就變成土壤策略和帶刺策略**。「人們或許可以竊取你的智慧財產，但他們偷不走你的人際關係。」馬爾西科如此解釋。

創投資本家戴森說，出色的破壞性願景也有同樣的效果，能夠吸引一整個社群的投資人，她表示：「正確的願景將會吸引投資人。他們想變有錢。」

記者、媒體公司 METal 創辦人肯・魯特科夫斯基（Ken Rutkowski）則認為，領導者的人格也能創造極高的忠誠度。「有一次我訪問賈伯斯，問他：『史蒂夫，MacBook Pro 有什麼了不起的地方？』」賈伯斯突然把自己的筆電拿給他，請他親自試試看。

魯特科夫斯基說：「過沒多久，我就開始和人們談論這臺電腦，以及我有多麼喜愛它。」但有個問題：微軟本來有贊助魯特科夫斯基的Podcast，現在它們決定收回了。「後來蘋果的公關主管凱蒂．卡登（Katie Cotton）告訴我，這臺電腦我可以留著。」他也跟對方解釋，自己因為太常談論這臺筆電，結果被微軟撤回贊助。

一週後，魯特科夫斯基接到英特爾的電話（出自賈伯斯的指示），問說他們可不可以贊助他的節目。「賈伯斯親自打電話給英特爾，請它們贊助我。」他回想道：「當你回顧當時的蘋果品牌，重心其實都是賈伯斯，他願意傾聽別人，並且做出改變。」人格、正直、人道、獨創力，全都可以啟發狂熱的追隨者，提供最佳的土壤使公司成長。

> 當人們追隨自己的熱情，他們就會做出了不起的事情，進而發起運動。你在事業上有追隨熱情嗎？如果沒有，你現在該怎麼加入熱情？

沒有完美的土壤，只有心態

「你必須知道目前的外部條件、市場條件和法規條件。在成立任何新事業之前，這顯然是需要用心調查的環節。」Reachdesk 創辦人奧利說道。創業家史坦麥爾則表示，這是最基本的創業家精神：「市場有多大？值得你冒險嗎？」

但總是會有障礙和對手想要打擊我們的努力。我們啟發運動以及狂熱追隨者的能力，終究源自野草心態。**運動通常起源於一種很有說服力的概念**，再加上一種「這是我們的時代」的感覺——這是歷史性的一刻。幾年後我們會回顧這一刻並心想：「那時真是特別，感覺一切都改變了。」

哈林籃球隊（Harlem Globetrotter）的球員赫伯特・「飛行時間」・朗表示，每次造訪另一座城市時他都有這種感覺：「我們感覺就像正向的親善大使。我們是屬於全世界的籃球隊！」他回想：「那些地區甚至會停止戰爭，讓球隊入境表演。」他說這種「屬於受命運眷顧的隊伍」的穩定感，不但改變了他們的隊友，也改變了他們周遭的世界。

飛行創業家帕蒂說道，正面心態會改變你周圍的人們和條件，但負面觀點也一樣殺傷力強大，他說：「貶低別人，最後只會傷到你自己。這樣會中止創意思考，使你無法做好任何事情。」帕蒂的正面心態受到父親啟發，他在帕蒂還是青少年時失去了視力。

不過，父親的正面心態從未動搖，帕蒂回憶父親曾說過的話：「我還活著。我還可以跟你說話，握住你媽的手。我還可以聽見鳥叫。我只是失去視力而已，它會恢復的。」多虧了幾年後新發展的外科手術，父親的視力還真的恢復了。帕蒂將父親的信心，轉化為飛行方面的驚人創作與英勇事蹟，在 YouTube 上吸引到大批追隨者。

帕蒂這樣做**不是為了宣傳自己的事業。他是在建立屬於自己的終極生活方式，進而創造出由飛行狂熱者組成的社群**；無論帕蒂做什麼事，他們都會感受到強烈的歸屬感。而這一切都源自他既正面又愛冒險的心態。

超級聯繫人、百老匯製作人羅德里克說，正面心態並不是要求自己完美，而是允許犯錯。「我每天都會寫作，而且我也允許自己搞砸。」他的意思是，我們不可能一直都很出色，一定會有做白工的時候。羅德里克說：「創業家經常在尋覓完美的土壤，而不是說：『我就要在這裡把事業做起來！』」他認為我們應該忘掉完美，然後盡力而為。這才是真正的野草心態。

正如史威特曼所說的，草坪不可能只有一株野草，而是同時有好幾株。我們並不是只靠自己，而是跟許多人一起以集體規模經營，進而改變成長條件。土壤就是我們周圍的人、我們的團隊和公司、我們的社群，以及這個世界。只要我們讓這個世界變得越好，我們的成長條件也會變得越好。

以帕蒂的「造飛機」成為範本，為你和你的團隊想個可以同心協力的特殊企劃吧。有沒有可以打破的世界紀錄？可以探索的地方？可以拍的電影？一起踏上冒險之路，為團隊的心態注入超級強心針。

我的土壤策略是什麼？

- 我可以做什麼事，正面影響周圍的成長條件？
- 我們的使命是什麼？它會怎麼讓社群受益？

- 我們已經做的事情當中，有哪些可以引發運動？
- 該怎麼讓團隊對自己做的事情感到興奮？
- 有沒有我們一整個團隊都可以支持的慈善機構？
- 我們能夠以團隊名義舉辦外部表揚獎項嗎？
- 我們如何持續以團隊名義建立更正面的心態？
- 我們可以做什麼事改善成長環境？
- 我們如何以使命為中心，創造出「就是此刻」的感覺？

第4部

野草勝利方程式

第十九章

避免一比一的槓桿陷阱

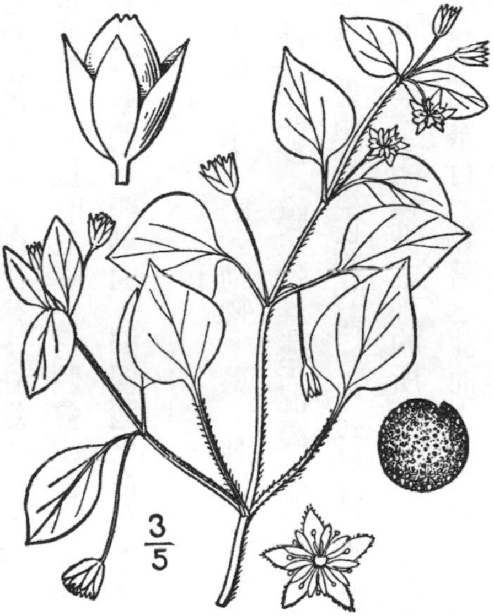

繁縷（*Stellaria media*）可以當作藥材，它又軟又多毛的莖部長達 40 公分，緊靠地面並很快就擋住其他植物的陽光。繁縷的不尋常之處，在於它可以適應氣候，以一年生或多年生植物的方式成長。

圖片來源：©皇家植物園受託人理事會，邱園。

有些野草的種子可以隨風飄揚到數百英里外。有些野草的根系統可以延伸到地下三十英尺。有些野草可以從樹枝或根部的碎片繁殖自己。有些野草的種子會用鉤子或黏著力「搭便車」。

有些野草會從它停泊的土地分離出來，在地上四處滾動，沿路撒下種子。有些野草覆蓋了數千根像針筒一樣的毛髮，它們會注射令人痛苦的毒素，讓入侵者落荒而逃。但就算其他野草們各顯神通，繁縷還是握有既獨特又不平等的驚人優勢：人類。

對其他野草來說，風、水、雨、動物、鳥、其他野草與植物、樹、建築物、籬笆、毒素、恐懼、沙漠的沙、陽光、甚至混凝土的裂縫，都是它們的槓桿作用。然而對於繁縷來說，人類就是它們的門票。我們就是它們的槓桿作用。

繁縷生長於六大洲（除了南極洲之外的所有地方），而人類難辭其咎。它們又小又黑的種子無法在空中飛行、順著水流而下或搭便車。種子沒有黏性，也沒有尖刺或簇毛；它們只是趁人類破壞新土地時闖進來。

繁縷會在剛翻動過的土壤茁壯成長，等於緊跟著人們的足跡。我們提供耕耘過的農地、草坪和花園，而它們無所不在的種子就會趁虛而入。這是一種共生關係，因為這個物種對我們來說也有藥用價值。但它完全不是有禮貌的野草，而是侵略性極高的野草，會抑制農作物生長。當繁縷出現在一片大麥田中，它會快速發芽、覆蓋田地並搶走幼苗需要的陽光。農作物的收成最多可能減少九〇%。

這種野草展現了它獨特的適應力，而它還有一個驚人的不平等優勢。繁縷一般來說是一年生植物，意思是它的根扎得很淺，每年都會相繼枯死。但在**較溫暖的氣候**，它的根會扎得更深，並**轉變成多年生植物**。這種小野草多才多藝，**最厲害的招數就是找人類當夥伴**。野草顯然很了解槓桿作用。

學習開槓桿（不是借錢投資）

槓桿作用是一個物體利用槓桿對支點的反作用力，對另一個物體施加的力量乘數。藉由調整支點兩邊的長度，達到機械效益[1]。較長的一邊對於較短的一邊的反作用力，會使原本的施力增加好幾倍。

1編按：mechanical advantage，指工具、設備或機械系統將力放大的比例。

當我們使用鉗子或鑷子時都會應用這種原理。如果我們推動或擠壓的部分，比支點另一邊的部分還要長，施力就會變成好幾倍。無論使用什麼現代生活的器具，槓桿作用一直都是我們的目標。我們開車是為了比走路更快到達某地；走樓梯是為了不要爬牆；用爐子煮飯而不是鑽木取火。

到處都有槓桿作用。奇怪的是，商場上這個字眼多半是用來形容債務。借錢顯然能讓我們的購買力增加好幾倍。如果某人對資產施加槓桿作用，意思就是他抵押這個資產來借錢。但還有其他許多類型的槓桿作用，可以為我們的事業大幅增加力量。

如果你是業主，你的團隊會提供槓桿作用；他們會讓你做到更多自己一個人做不來的事情。人脈、聯盟與夥伴關係，也會為企業營運提供巨大的槓桿作用。我們必須放寬對於槓桿作用的認知，它不只是債務，而是一種貫徹我們事業的力量乘數。

槓桿作用讓我們能夠**結合其他人的專業知識，提升事業的能力水準**。流程是一種槓桿作用，讓我們將自己的專業知識與實務經驗，灌輸到整個團隊，讓他們以更高水準的能力來行動。

為事業創造越多槓桿作用，我們就會越成功。在建立自己的生涯與事業時，尋求槓桿作用理應一直是我們的目標，但可惜的是，有一個矛盾阻擋了去路。

自立的矛盾，無法建立規模

從出生的那一刻起，我們的使命就是變得自立。童年的遊戲教會我們要認識危險與解決問題。它教會我們要有自信並探索極限，以及要為自己思考。

自立是透過「大風吹」之類的遊戲與團隊活動來強化。誰會忘記自己玩大風吹第一次沒坐到椅子？它教會我們要意識到客觀環境，並主動採取行動。團隊活動教會我們要努力熟練技巧才

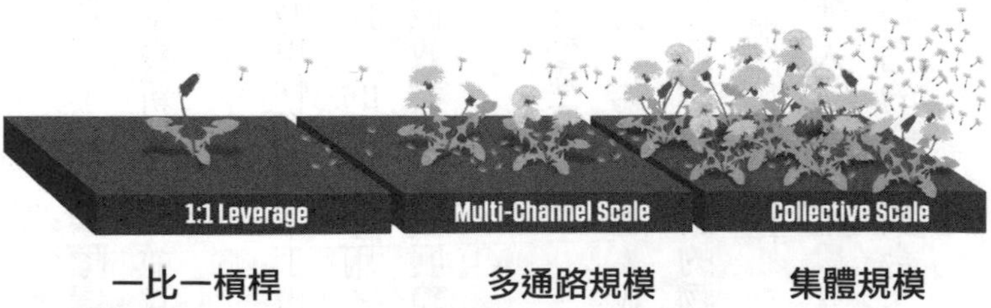

▲野草告訴我們，為了拓展事業規模，我們必須根除思維中的所有一比一槓桿，然後快速轉向，邁向多通路規模，再來是集體規模。野草以集體規模來運作，這也是它們爆炸性、永續性成長的核心公式。

能獲勝。

問題在於，這段學習過程似乎就到此為止了。就算生活在團隊環境下，我們還是暗自專注於克服自己的每個挑戰。我們讓自己學會新技巧，並且藉由練習來磨練它們。

另一種理解自立矛盾的方式，就是檢視它產生的槓桿作用——也就是機械效益。當支點到槓桿兩端的距離相等，它就會產生一比一的槓桿作用。其中一端的力量大小，與施加於另一端的力量相等——沒有機械效益，最後展現的力量直接來自我們的施力。

自立的矛盾在於：**我們越專注於自立，就越不可能建立規模**。

我們能夠直接掌控成果，卻無法超越自己的施力。為了超越，我們必須增加槓桿作用。而為了辦到這件事，我們必須讓支點更靠近想要搬動的物體。我們直覺可能會想到用竿子把石頭撐起來，卻太不能應用在擴大事業規模。

就跟繁縷一樣，我們**最大的事業槓桿就是「其他人」**。如果只靠自己的天賦和專業，成果就會受限，報酬也會大幅減少。顯然我們的能力集合，永遠比不上集思廣益的專業知識，以及團隊的力量。

一比一槓桿的陷阱——不要每件事都想自己做

大人教我們要自立，這意味著我們受到很深的制約——也就是尋求一比一槓桿。大人教我們要用功讀書、取得好成績、進入好大學就讀，然後找到一份好工作。但單純的工作無法拓展規模，沒有人可以同時做一千份工作。大人沒教我們怎麼拓展規模。而事實上，我們是被訓練成不想拓展的。人們對一比一規模的執念根深蒂固，甚至沒有意識到它。我們自然而然就有這種思維。而這樣肯定會使我們無法拓展任何事物。

每個人曾經夢想要創業的人，都知道**為別人工作是在扼殺自由**。我們無法追求自己的熱情，**沒有機會為自己建立有價值的事物**。但就算我們成了創業家，一比一槓桿這個緊箍咒還是沒有放過我們。

許多年前，身為行銷經理的我遭到資遣。雖然驚魂未定，我還是向前邁進，提供服務給前雇主的競爭者。但這次我身為一家行銷代理商的創辦人兼總裁，要求的費用是我上一份工作薪水的兩倍。後來我爭取到這個客戶，覺得欣喜若狂。

不久之後，他們請我替銷售團隊打造一個裝置。於是我設計了裝置、找資源把它做出來，再提高它的價格。光是這個專案的利潤，就超過我上一份工作的一整年薪水。

接著我把目標轉向出版業，挑選的客戶包括《時代》（*Time*）、《Inc.》、康泰納仕集團（Condé Nast）、《華爾街日報》、《富比世》等。有人一次付我兩萬五千美元，請我操刀廣告活動。在當時這等於許多人一整年的收入。

不過，我還是盲目的深陷在一比一槓桿的陷阱中。**每位客戶我都親自接待，沒有可以委託的工作、沒有記錄下來的流程，我全都自己做**。我賺了不少錢，還認為自己應該能打造菁英級事業。但真相是，我仍是在做一份「工作」而已，這份工作塞滿了只有我能做的事情。它仍然是一比一槓桿。

我之前提過財務顧問在諮詢新客戶時，通常有一個令人不太舒服的流程。許多客戶都有自己的「事業」，卻從未執行生根策略以產生實際成長——顧問會先告訴對方，**他們的事業沒有價值**。事實上，他們甚至連事業都沒有。許多人陷入這種窘境，是**因為他們從來就沒有消除事業中的一比一槓桿**。

在此借用金融界的一個術語：槓桿陷阱（leverage trap）。它用來形容投資人借錢從事ETF（指數股票型基金）的投機買賣。如果市場沒有上漲，管理費用就會累積，讓潛在獲利很快泡湯。這在金融界就叫做槓桿陷阱。

雖然面對的窘境不太一樣，但後續效應是一樣的：我們努力打拚的價值全泡湯了。一比一槓桿陷阱妨礙了擴充規模的能力，並摧毀我們的事業價值。這是因為我們所有事情都自己做、而不是把工作分配給專門的團隊。這麼做非常沒有效率。

一比一槓桿陷阱，就是一種作繭自縛的心態，堅持所有事情都親力親為。我們將勞力投入流程，卻**從來不分享權益，結果反而變成自己的瓶頸**，嚴重限制了擴大規模或建立價值的機會。

槓桿作用和流程是一體兩面。流程能將集體經驗與專業知識分享到整個事業；槓桿作用則可以藉由別人的專業知識與勞力，大幅增強流程的力量（無論組織內外），將成果提升至更高水準。

這一切都為事業產生更大的價值，因為就算沒有你，事務也可以繼續進行。突然間，你就有東西可以賣給有意願的買主。

分享權益，才能換取利益

我父親是高度以自己的力量獨立生活的人。他的熱情是航海，這對於智慧與技能是真正的考驗。他這個人從來不說「不」。因此他在這方面算是啟發了我。他也是創業家，只是沒有特別成功。他有遠大的計畫、洞見與創新，卻執意所有事情都自己做，而且**每件事都想省錢。這讓他一直處於虧損**，總是在爭搶更多資金。有一次當事態特別絕望時，我問他：「為什麼你不找人合夥？」

他直接回答：「我不想放棄我的權益。」但「權益」到底是什麼？如果他拒絕以分享的方式來換取新的槓桿作用、導致事業失敗，那就沒有權益可言了，因為根本就沒有價值。我用這種方式向他表達：「假如你現在不做點什麼，你最後只會換來百分之百的一場空。」雖然他不喜歡我這個建議，但我講的可是百分之百正確。令人難過的是，他過世時幾乎身無分文。

想像一下，去哪裡都用走路的，不開車或搭車；堅持自己學會所有技能，不雇用專家；堅持親自做公司內的所有工作，不建立團隊。你有沒有發現，這樣等於封死了所有擴大規模的途徑？

當我們以一比一槓桿經營，周圍所有人都會輕易察覺。客戶會有感覺，然後就會不太尊重你。競爭者、供應商、夥伴也會發現，這樣會影響我們所有人際關係。**成功的人都擁有迅速擴大的團隊以及影響力範圍。失敗的人則是一直缺錢，光是生活就已經忙不過來。**

成功之道在於朝共生的槓桿躍進，結交其他有才華、有資源的人們，而他們的參與會讓事業變得更大、更強。幸好這些事情都很容易改善，只要照著接下來幾個章節中野草的建議來做就好。

野草攻勢

- 商場上，槓桿作用就是負債，但我們可以放寬它的定義，將其他人包含在內：投資人、員工、夥伴、供應商等。
- 槓桿作用讓我們能夠借助別人的專業知識、經驗與資源，提高績效。
- 一比一槓桿陷阱是一種作繭自縛的心態，堅持所有事情都親力親為。
- 我們將勞力投入流程，卻從來不分享權益，結果反而限制了擴大規模的能力。
- 成功之道在於朝共生的槓桿躍進，將其他有才華的人納入我們的事業。

第二十章

先借用別人的基礎建設

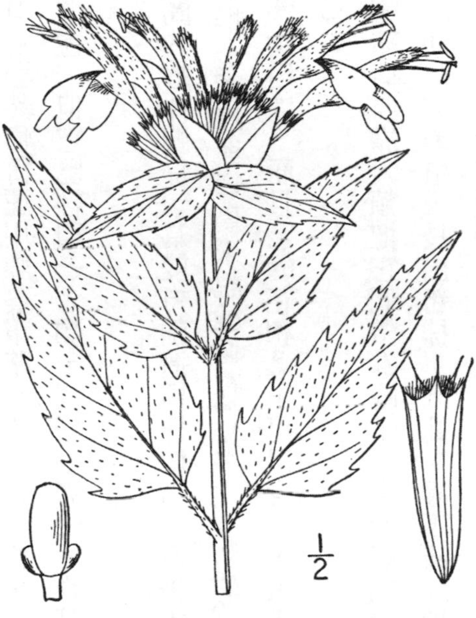

擬美國薄荷（*Monarda fistulosa*）受到許多園丁喜愛，因為它有亮麗又芳香的花朵，能夠吸引授粉者。然而，它也會藉由快速生長的匍匐莖和幼苗積極散播，長出新株並破壞花園的柵欄。

圖片來源：©皇家植物園受託人理事會，邱園。

擬美國薄荷不是藤蔓。身為薄荷家族的一員，它被人視為芳香的藥草。它的莖是直立的，高達四英尺。它的種子很平凡，沒有特別適合飛行或散播，只能靠鳥類來散布。

雖然不是藤蔓，但它顯然懂得運用藤蔓策略。雖然它不會攀爬附近的樹木或建築物以到達更高的位置，但它已經與「人類土壤破壞者」（也就是園丁）建立共生的夥伴關係。

共生是兩個物種間的夥伴關係，為雙方創造槓桿作用。擬美國薄荷會開出引人注目的花朵，對蝴蝶、蜜蜂與蜂鳥來說就像霓虹燈，因此能夠吸引大群授粉者。擬美國薄荷也有藥物用途，而且它的花和葉子可以食用，或者是泡成好喝的茶。難怪園丁想要種它。

與此同時，擬美國薄荷要靠人類把它們帶進院子。它們能夠藉由種子散播，卻更偏好透過根系統的幼苗來繁殖，長出新株。因此，園丁將這種植物種在花園裡時，通常都是用移植的，而不是撒種子。

擬美國薄荷這種散播方式太有效果，因此也被人視為侵略性物種，因為它種下去之後就很難控制了。就算種在花園一個整齊的區域，它也很快就會散播到院子的所有角落。

不過，它只是拓展方式有點侵略性而已，絕對不像本書介紹的其他野草。雖然偶爾會難以控制，但這種受人喜愛的植物，為我們的生活增添了色彩。而且它從野外吸引了我們最喜愛的訪客。所以人們總是樂意將它種在花園和院子裡。

擬美國薄荷就這樣適應了一個實用的策略，獲取新的地盤。它選擇人類，不只是把我們當成藤蔓策略的夥伴，也把我們當成多通路規模的途徑。

當野草出現在我們的草坪之前，它們已經用了數百萬年來進化與武裝自己。它們既狡猾又靈活，兼具侵略性與韌性。它們是專家，會用冷酷無情的堅持不懈來執行流程。當它們現身時，就是準備好要戰鬥了。

我們來回顧一下之前的內容吧，因為你要做好同樣充足的準備，才能開始拓展規模。我們在第三部檢視了 W.E.E.D.S. 模型的八個層級。而在上一章，我們知道自立既能推動我們，也會使我們裹足不前。

有很多事情要吸收，也有很多事情需要動起來。我們一開始先定義了策略，並建立成長流程，而這是基於 W.E.E.D.S. 模型的每個層級：種子、種莢、帶刺、分割、葉叢、藤蔓、生根、土壤策略，全部結合在一起，組成一個充滿不平等優勢的事業，蓄勢待發。而本章就是爆發的開端。

若要產生爆炸性成長，就需要正確的策略和流程。但這也需要細心培養的正確心態。下個階段的加速成長，將會聚焦於密集的外展活動，這會令你既興奮又洩氣，並且改變你的人生。不過，你的潛在夥伴可能會豎立各種意想不到的不合理障礙；沒有事情會照著你的時間表來走。這將會是你身為野草的第一個考驗。

在本書第二部「野草心態」中，我們檢視了一些讓野草成為可怕競爭者的特質。像是壓抑不住的樂觀主義、冷酷無情的堅持不懈、粗暴的急迫性、凶猛的侵略性、十足的適應力，以及不可動搖的韌性。它們隨機應變，而不是等待覺得自己可以做某件事才做、或期待某件事發生。

啟動你的野草心態，其實意外的比想像中簡單。這一切都是基於行為活化——**有條理的以行動來產生正面心理作用**。雖然這通常是用來治療憂鬱症，但我們的目標是增強樂觀主義。而樂觀主義將會激起整套野草心態，產生我們所追求的爆炸性成長。

野草已經告訴我們，要讓行動引導情緒。它們不帶感情，毫無瑕疵的執行流程，因為它們根本沒有感情。假如野草會說話，它們會告訴我們要排除情緒，只要做那些會讓自己更樂觀的事情就好。

問問自己：「我該做什麼才會比現在更樂觀？」寫下答案並且放在隨時都能看到的地方。如果你需要多散步、多度假，或多旅行，那就去吧。我猜大多數人的答案應該都包括多運動。鍛鍊身體是最簡單的行為活化，因為你可以在任何地方鍛鍊，不必花錢，而且立刻就能獲得回報。

重新安排你的行程表，每天撥出時間做運動。早點起床做一做，或是在行事曆寫下每天運動的時間。將每天運動當成最優先事項。這樣不但會使你更健康，也會更有生產力、更樂觀。如果你之前沒試過，相信我，每天鍛鍊身體對於心情的效果，肯定會令你吃驚。

接下來，將以下這段「每日肯定句」加入你的例行公事。每天早上找個安靜的地方，大聲說出這些句子：

- 我完全就是一株野草。
- 我不會屈服於任何人。
- 我樂觀到壓抑不住。

・我既冷酷無情又堅持不懈。
・我既粗暴又急迫。
・我既凶猛又有侵略性。
・我適應力超強。
・我有無窮的韌性。
・我會不計代價獲取勝利。
・我完全就是一株野草。

運動習慣與大聲說出肯定句，都是行為活化的形式。它們會重新組織你的大腦，創造出未來需要的心態。野草說這些方式將會讓你的行動引導情緒。但它們真正的效果，是產生像野草一樣的價值觀——不計代價獲取勝利。

一旦啟動了野草心態，最重要的是把它當成實體資產。它應該列入你的生根策略，作為需要最大化與管理的資源。你也要留意周遭的人，因為他們的影響力可能會強化或損壞你的心態，請根據這一點來決定要親近或疏遠他們。把你的心態定價為至少一百萬美元，然後用「它真的價值一百萬美元」的角度來看待。這麼做，就能夠達到你所預期的奇蹟式成長。

我們在第十六章看過各種事業形成藤蔓策略的例子，它們利用夥伴關係，爬到領域內的主導地位。費拉拉的藤蔓策略，是將試用品放在全世界最大的兩個平臺：谷歌的 Gmail 和微軟的 Outlook。結果這個試用品就能夠一直曝光在三十億潛在顧客的眼前。

我們看過各種例子，借用別人的人脈產生更大的觸及，以及不恥下「借」以獲得獨特的智慧財產、產品和創新，進而創造不平等優勢。我們檢視過有效藤蔓策略的要素；聯盟如何為各方創造互惠和綜效；夥伴關係如何創造獨特價值。

為了形成這些迅速成長的夥伴關係，我們必須知道該接觸哪些人，並且有能力以最大的效果來聯繫他們。我們必須藉由犀利的品牌、扣人心弦的故事，以及傳播要素，發展企業的提及力。

當我們發展藤蔓策略的眾多要素時，也必須考慮該怎麼平衡新的成長，也就是消滅事業內的一比一槓桿。做法包括建立流程，以及謹慎剔除宛如一灘死水的客戶（之前你可能為了填補日常開銷而必須暫時留住他們）。從一比一槓桿過渡到多通路規模，一開始會需要在兩個領域都下工大，直到較大的規模來源使你能夠排除無法獲利的來源與方法。

我們的流程如下：

一、找出所有一比一槓桿；授權員工、挑選客戶。

整理出事業中的所有瓶頸。這些瓶頸可能會在各種領域，像是你將勞力用於遞送、生產或支援流程，讓你一直分不出時間與注意力。

任何能夠授權的事情就應該授權，你的職責應該僅限於專業領域與增加公司的價值。這樣你就能夠**專注於成長與建立事業**。而且這麼做應該也會增加事業的收益和成果。如果需要「執行長本人」親自完成訂單，客戶對你的尊重和信任也就沒了。發展計畫來培養員工，一旦穩定成長後，就盡量授權給他們。

總是會有一些要求很多的客戶，但你可以不必做他們的生意。**認真審視一下哪些客戶不值得留下**。有些客戶是無價之寶，會幫助你成長、拓展人脈；有些客戶也可能藉由轉介來幫助你。審視自己的客戶名單，確定哪些人符合你擴充後的成長模型，以及哪些客戶在新的事業流程建立起來後就可以捨棄。

擬定明確的計畫消除所有瓶頸，但不要立刻採取行動。隨著推進成長流程，記得不斷檢查一比一消滅計畫，讓它隨著你進化。假如必須捨棄客戶，也請設法維持原本的友好關係。無論他們的事業還是你的事業，事情永遠都可能有變化，所以就算解除客戶關係了，他們對你可能還是有用的。

二、盤點人脈，發展多通路拓展計畫。

我們在上個步驟開始審視客戶。只要有維持好關係，他們全都有機會成為公司的轉介者。這些顧客可能彼此認識，而且隨著你拓展領地，他們說不定就是你的關鍵助力。

請彙整一份聯繫對象名單，這些人或許會成為你的轉介夥伴、策略夥伴或平臺夥伴。找出他們是什麼人，了解他們面對的問題，研究他們談論的話題。做法或許是在社群媒體／網路搜尋並拼湊個人資料，以及造訪他們公司的網站。請利用 ZoomInfo、Seamless.AI 或 Boardroom Insiders 等服務，找到願意支持並影響你決策的利害關係人。

你的**名單應該包含影響力中心、現有客戶、媒體聯繫對象、網紅，以及能夠提供大批顧客／使用者受眾的平臺**。影響力中心指的是註冊會計師、律師、顧問，以及互補事業——他們的客戶可能需要輔助性服務，但他們沒有提供。誰是你最喜愛的社群媒體網紅？誰能夠指揮粉絲刺激你成長？哪些平臺適合你的服務或產品？

若想制訂多通路規模計畫，請先從你的成長目標開始。你的目標是哪些市場？收益與獲利目標是什麼？你提供的商品要怎麼滿足夥伴的客戶或追隨者的需求？它如何讓你的夥伴受益？你需要一個清楚定義的目標聲明，分享給你的潛在夥伴。

這份計畫也應該清楚顯示你想跟夥伴建立什麼樣的關係。它是否牽涉到收益共享，或者替他們的顧客打折？你有提出特別的形式、產品或服務嗎？你的夥伴如何藉由這種安排而受益？將這些要素寫成易讀的文件，方便傳閱與簽名。

三、發展傳播要素：故事、圖解、禮物、活動……。

第十三章介紹過「像野草一樣談判」，如果屬於擴張性質（也就是爭取企劃或夥伴關係），我們會希望它像野草一樣傳播。我們的故事必須扣人心弦並且精心打造。企業令人興奮的名聲應該擺在最優先。準備好傳播要素，說明你計畫的旅程，並且鼓勵人們分享它。

圖解資訊是不錯的傳播要素。這些對於複雜故事的圖解描述，能使它們**容易理解、更容易分享**，通常是可以透過電子郵件寄送，或貼到社群媒體的圖檔。影片也是有效的傳播形式，尤其是結合 Vidyard、BombBomb、Loom 等平臺時，因為它們可以即時追蹤觀看數和轉傳數。

傳播要素也有其他許多形式。T恤、個人化禮物、Zoom 品酒會——幾乎任何能夠讓人參與的事情，都能幫助傳播這段夥伴關係的興奮感。

你也必須發展外展活動，聯繫那些還不認識的對象。**運用互相聯繫，請別人替你介紹與轉介**。試著設計一套用來外展陌生人的聯繫方式；可能是投其所好的個人化禮物，而你的送禮情報可能來自之前拼湊出來的個人資料；或是更用心一點，發揮創意設計一項正式活動。

我用的是漫畫；其他人用過劍、杯子蛋糕、電子郵件、社群媒體，以及許多其他方法來突破心防（假如你有興趣想挖得更深一點，可以參考我之前的著作《如何與任何人見到面》和《見到面》，或是前往 howtogetameeting.com 加入我的線上課程）。

四、發動多通路拓展，重點是「互相」幫忙。

現在，你已經有一項以夥伴關係為中心的拓展計畫、一份聯繫對象名單、傳播要素，以及蓄勢待發的聯繫活動。接著，你可以開始請求客戶與其他聯繫對象替你介紹；開始與潛在夥伴對話，談談你們可以怎麼互相幫忙。

在你跑聯繫活動的過程中，請將你的名單拆成每十個人（以下）一組，你能付出的心力將會更密集。跑完一組人之後就換下一組。將名單分組，你就能**先測試方法，再將它用於整個群體**。你的使命是迅速成長，但也不要累垮你或你的團隊，結果丟了生意。

拓展計畫進行途中，你將會獲得新夥伴與寶貴的新聯繫對象。這些人也可能是重要的轉介者或新事業平臺。請務必探索所有可能的管道，並且記住一件事：隨著事態演變，總是會有新機會浮現。**進行成長活動時務必要妥善記錄**，或者利用顧客關係管理平臺來管理細節。

五、消滅一比一槓桿的瓶頸。

在步驟一我們已經認出了一比一瓶頸的來源，並且發展了一項計畫來消滅它們。現在該來啟動這項計畫了。生產流程中任何需要你親自出勞力的地方，應該立即消滅掉，方法包括記錄流程要素、授權，以及訓練團隊。一開始時間會不夠用，讓你很想回到以前的做事方法。

請抗拒這種誘惑往前走！你的**最終目標是建立團隊與事業，無論你在不在場都能運作**。這也是唯一能夠擴大規模的事業形態。

接下來，以請新的眼光審視客戶名單。開始成長之後，流程已經改變，而你不必親自去生產或遞送你的產品或服務。在這個新的狀態下，客戶還是一攤死水嗎？或是有一起成長的新機會？為了留住顧客，你必須面面俱到，但也要明白有些客戶不能留。最好仔細評估後再剔除他們。

達成多通路規模之後，你做生意的方式、花時間的方式，以及你擁有的自由，全部都會改變。建立團隊、記錄流程、訓練員工，都會為你的事業建立可轉換的價值。雖然你還沒像野草一樣成長，但已經快了。

我們在下一章會探討集體規模，所有大企業都用這招來擄獲整個市場，然後賺大錢。歡迎來到馬斯克、貝佐斯、巴菲特等人的世界。集體規模就是你完全成為野草時的樣子。

野草攻勢

- 多通路規模源自藤蔓策略——借用別人的基礎建設，產生立即的爆炸性成長。
- 步驟一：找出所有一比一槓桿的來源，並制定計畫消除。
- 步驟二：盤點人脈，彙整一份名單，發展多通路拓展計畫。
- 步驟三：設計工具（傳播要素和聯繫活動），聯繫潛在夥伴，讓他們能夠轉介新的生意給你。
- 步驟四：發起多通路成長活動，爭取影響力中心、客戶、網紅與公司的支持，他們都有龐大的銷售通路，可以讓你的事業迅速成長。
- 步驟五：消滅事業中的所有一比一槓桿來源。
- 消滅一比一瓶頸，你就有更多自由，可以開始為事業建立真實且可轉換的價值。

第二十一章

特斯拉裡有七萬個馬斯克

三裂葉豬草（*Ambrosia trifida*）是很巨大的植物，最高可以長到 20 英尺。原生於北美洲，現已擴散到整個北半球。它偏好生長在翻動過的土地，像是路邊的水溝、空地和農田。由於能迅速生長，而且體型巨大，它很輕易就能勝過其他農作物。

圖片來源：©皇家植物園受託人理事會，邱園。

三裂葉豬草非常適合用來介紹集體規模。因為它的一切都很大，連俗名都叫做「巨大豬草」（giant ragweed）。它是天生的破壞者，總是在尋找剛翻動過的土地（通常是農田），這樣它就能快速進駐並且勝過任何農作物。

三裂葉豬草的不平等優勢，就是快速擴大規模的能力。它的生命週期自始至終都遠勝於領域內的其他植物；它比大豆和玉米等農作物更早發芽；它長得比較快，也比較高，很快就把競爭者籠罩在陰影下（它可以長到六至八英尺高，有些甚至能長到二十英尺）。

能滅掉大半農作物收成的野草，農夫當然會發現；但三裂葉豬草的流程也有對策，它已經對幾種常使用的農業用除草劑免疫。與此同時，人們也無意間成為它們種莢策略的夥伴。每株三裂葉豬草最多可以釋放一萬三千顆帶刺種子，可以附著在動物、機器與人類身上。

三裂葉豬草是本書介紹的超級野草之一。還記得糙果莧嗎？它每株最多能散播四百八十萬顆種子。加拿大蓬在直徑六百英里的範圍內可以發射將近二十五萬顆種子。

跟眾所皆知的標準野草蒲公英相比，上述這些野草已自成一類。蒲公英很可怕，而且就像所有野草一樣，它們以集體規模運作；也就是說，它們知道集體規模的力量，以及團結執行共同流程的可怕。所有野草都這麼做，但有些似乎是特別全副武裝以達到超大規模。

比較禮貌的野草我們已經看夠了，現在我們來看看當一個人完全像野草一樣以集體規模經營，會是什麼樣子。

特斯拉有七萬個馬斯克

馬斯克是百分百的野草。我們已經見證他破壞並革新了電子商務、電動車，以及衛星和太空人發射到太空中的方式。他接下來還會破壞全球的電池科技、家庭與城市的電力系統、航空旅行，以及網路連接能力。然後他會帶我們去月球和火星。SpaceX 的開發流程非常迷人，而且足以說明什麼是商場上的百分百野草。

我們看著獵鷹九號的軌道推進器，從一開始會在發射臺爆炸的粗糙原型，進步成眾所周知、既可靠又令人驚嘆的火箭，將衛星和太空人送上軌道，然後安全降落，準備再度起飛。

接著我們目睹了全新火箭系統的誕生——星艦。這個四百英尺高的獨立系統，目標是將太空人和移居者送上月球和火星，以及改革航空旅行。完成之後，星艦將會帶著乘客進出整個太陽系，或是在二十分鐘內從洛杉磯飛到倫敦。

馬斯克使用的流程跟之前相同，測試時炸掉了好幾個原型，只為了練習星艦的翻轉動作，讓它能夠重回地球大氣層。就跟獵鷹軌道推進器一樣，它們的流程公諸於世；不斷嘗試、失敗、嘗試、失敗、嘗試——最後成功做到前人未曾辦到的目標。

這種嘗試、失敗、成功的過程，並不適合膽小的人。每次修正他都賭上了自己的資本，但我們也可以假設，馬斯克從來不覺得自己最後會失敗。**他只看著那個困難的目標，然後測量自己與目標之間的距離**（越來越短）。

現在想像一下，馬斯克有可能不靠團隊，單憑自己達成這些事情嗎？。

貝佐斯也是百分百野草。一九九四年亞馬遜在他的車庫成立，是全世界第一家線上書店，當時大家認為在網路上買東西並不安全。貝佐斯也告訴早期的投資人，這家公司有七〇%的機率會失敗，但三年後，他藉由ＩＰＯ讓亞馬遜成為上市公司。

顯然貝佐斯對於這家公司有著非比尋常的遠見。亞馬遜開始湧現世界第一的創新，包括一鍵結帳、龐大的聯盟計畫，以及店面平臺，讓中小企業能夠在亞馬遜販售產品。

一九九八年，這家公司發動了積極的收購活動來消滅競爭者，同時擴充商品種類。亞馬遜網路服務公司（Amazon Web Services）成為支配性的雲端服務公司；Kindle 問世並與蘋果的 iPad 競爭；亞馬遜 Prime 有超過一億名訂閱者——他們享受了各式各樣的服務，從免費快速送貨，到亞馬遜的電影串流服務。

如今，亞馬遜已經是世界上最大的線上零售商，而且還不只如此。你沒辦法列出他們賣的所有東西，因為他們所有東西都賣！與此同時，貝佐斯的手還伸進其他地方，從媒體、到ＡＩ、再到太空旅行。

貝佐斯也無法只靠自己完成這些事情。

馬斯克的 SpaceX 事業單位雇用了八千人，而特斯拉有七萬名員工。亞馬遜的員工超過一百萬人。**馬斯克和貝佐斯是百分之百的野草，因為他們都不是單打獨鬥。**他們已經達到集體規模，受到大規模且有才華的團隊支持，讓他們獲得別人難以想像的成功。以下是集體規模的更完整定義：

集體規模：一個組織的最佳大小、範圍、構成與文化，讓它能夠完全滲透、支配與轉型目標市場。其因素包括陣容堅強的業界最佳團隊；積極磨練並靈活的內建流程；凶猛且妥善調整的策略；領先業界的創新；堅若磐石的財務；以及獨家的力量乘數。

億萬富翁不會想市占率，而是……

如果百萬富翁想的是市占率，億萬富翁想的就是**擄獲整個市場**，**或自己開創一個全新的市場**。馬斯克和貝佐斯就是這樣建立他們的事業，總是假設自己會主宰（甚至擁有）所有他們進入的市場。所做的一切都是在瞄準這個結果。

SpaceX為太空軌道發射產業帶來的成果無人能及。地球上除了馬斯克的星鏈（Starlink），沒有其他人擁有一萬兩千顆網路中繼衛星。特斯拉是在古板的汽車產業中拼湊出來的新創公司，但還是在電動車領域遙遙領先。

亞馬遜的聯盟計畫每月約有五億次訪客瀏覽。亞馬遜店面平臺（Amazon Storefronts）支援了兩萬名小型零售商，全球電子商務市占率約為四〇％。

我為了本書訪問梅薩石油公司創辦人皮肯斯，他的遠大思維令我非常吃驚。他的唯一任務是讓梅薩石油公司成長，而第一個收購目標，是他自己公司的二十八倍大。結果他還真的成功了！接著他又找上產業內的大公司。每次收購活動無論有沒有成功，他和投資人都能賺到數百萬美元。

他有異於常人的能力，能夠及早注意到市場趨勢，再用積極到近乎瘋狂的計畫進入市場。有次他注意到天然氣價格的早期趨勢，於是積極的買進期貨，然後突然間就掌控了整個產業。

還有其他人也曾經做過類似的誇張舉動，像是巴菲特、比爾・蓋茲（Bill Gates）、理查・布蘭森（Richard Branson）、賴利・佩吉（Larry Page）、謝爾蓋・布林（Sergey Brin）、賴瑞・埃里森、袁征（Zoom 創始人）——他們全都成功創立驚人的事業，並且完全支配了市場。

有些人繼承了基金遺產，但大多數人都是白手起家，建立自己的企業和財富。而他們的共同點是：找到投資人和團隊，幫助自己達成集體規模。

這意味著億萬富翁的心態跟我們不同嗎？其實不是你想的那樣。他們確實有看到更大的可能性，以及達成目標的途徑。而且為了實現計畫，他們願意做任何事情。這聽起來就是我們討論過的標準野草心態，他們只是心態更強烈而已。差別在於，他們有能力將力量乘數用在集體規模，讓每個行動都獲得更大的效果。

我們也能夠增強野草心態，將力量乘數用在集體規模。我們可以當文靜的蒲公英，一塊草坪接著一塊，強勢奪取新地盤；也可以當可怕的糙果莧，噴出數百萬顆種子，迅速進化以克服任何挑戰，並且支配數百萬公畝的領地。

我認為這非常激勵人心，無論我們是個人創業、新創公司創辦人、中小企業業主、上市公司主管或加盟主、新手或老將、百萬富翁或億萬富翁，同樣的系統可以給我們每個人新的槓桿作用。畢竟我們培養的心態，以及用來成長的策略，全都系出同源：野草。

世上沒有「百萬富翁心態」，也沒有「億萬富翁心態」。只有野草心態的強弱之分。而且百萬富翁和億萬富翁也沒有專屬的成長模型。無論規模大小，野草心態的八個層級，可以應用於每一個人。

差別在於，我們想要用多大的力道，去應用野草提供給我們的方法。事業規模也是同樣的道理。我們可以選擇維持小規模、無足輕重，或是成長為大規模、舉足輕重。

這種力道的提升，反映在培養野草心態的方法，以及實行野草策略的力道。但最大的因素，在於如何擴大規模。我們見識過一比一槓桿與多通路規模的經營方式有多大的差異。光是這樣就足以讓生產力和成果大幅躍進。

而野草告訴我們，最大幅度的躍進，就是**將集體規模結合力量乘數**。集體規模的重點在於創造一個既飢渴又積極進取的團隊，由積極的投資人、專家與夥伴組成，執行並持續改善凶猛的成長流程。

「力量乘數」這個術語來自軍事科學，意思是「任何能夠讓一個單位達到更大戰果的因素」。先進的科技、武器、訓練、後勤、策略和心態，全部結合在一起，讓軍隊更有成效，使他們對任何敵人都有優勢。無論是現代戰爭、還是孫子寫《孫子兵法》的時代，都是同樣的道理。勝利屬於優勢無可匹敵的軍隊。

W.E.E.D.S. 模型的每個層級都能培養這種不平等優勢。種子策略幫助我們，以壓倒性數量的意識和市場吸引力，獲得支配性的立足點。種莢策略讓這些意識和吸引力變強好幾倍。帶刺策略捍衛我們的地位與智慧財產，並阻擋對手進入市場。分割策略使我們維持平衡與警戒，準備好防禦任何破壞。葉叢策略讓我們一直尋找並發展更多不平等優勢。藤蔓策略給我們更快、更具支配性的管道，進入市場並獲得關鍵資源。生根策略管理資產，讓公司的整體價值極大化。土壤策略在我們周遭創造優勢，強化成長潛力。

它們全都是力量乘數。

在寫這本書時，我驚訝的發現野草策略模型適用於事業中的一切，以及所有跟拓展規模有關的事務。我們不只是野草；我們的大腦奔流著好奇心、想像力與創造力。我們不斷學習新東西；我們有熱情、靈感和本能。

野草沒有這些東西，但奇怪的是，它們全都符合野草模型。我們用好奇心與想像力製作、發明的事物，全都成為不平等優勢、力量乘數的一部分。我們打造的聯盟、建立的關係、進入市場的管道，以及獲得的資源，全都是力量乘數。

這意味著一件事：如果想要像野草一樣拓展規模，就必須抱持野草心態、應用 W.E.E.D.S. 模型、將一比一槓桿換成多通路規模，然後再換成集體規模，並且把力道提升到最大。任何百分百野草都會這樣做。

野草攻勢

- 馬斯克無所畏懼的追求別人眼中不可能的目標。他的每個事業都打破了傳統的市場典範，進而支配這些市場。
- 集體規模以最大的可能性，將團隊要素引進成長流程。員工、投資人、聯盟、粉絲，以及追隨者，全都團結起來推動企業前進。
- 關鍵在於從一比一槓桿進展到多通路規模，再來是集體規模，同時應用力量乘數。
- 野草策略的力量乘數是指將不平等優勢，應用在你的市場。

結語

力不如人，就靠集體規模

加州罌粟（*Eschscholzia californica*）是略帶侵略性的物種，也是加州的州花。原生於美國西海岸，具有極高的適應力，可以從一年生植物切換成多年生植物，以因應水分與陽光等競爭條件。春季開花時，它們會用亮麗的色彩覆蓋山麓小丘和山谷。

圖片來源：©皇家植物園受託人理事會，邱園。

加州罌粟（又名金英花）真的是非常聰明的野草。本書介紹的所有植物中，它們是唯一被公認為州花的侵略性物種。它不只以加州命名，還是這個州的官方花卉。

高約十四英吋，開著亮麗的黃赭色花朵，可說是典型的野花。它們能夠輕易散播，而且在春季開花時，還會將整片山谷染成黃色和橙色，成為觀光熱點。

美國農業部認為加州罌粟「有潛在侵略性」，它們的散播流程意外的有適應力。假如有充足的水分和陽光，它們就能夠快速散播，**甚至能從一年生植物變成多年生植物**。假如看到自己喜歡的地方，它們就會準備搬進去待上一陣子。

加州罌粟外型美麗，散播方式也不太明顯，而且每年都會「善意」的為路邊帶來亮麗的色彩，因此它們辦到了其他野草很難辦到的事情：成為人類的寵兒。你很難想像有人會專程開一、兩小時的車子，只為了欣賞滿山滿谷的蒲公英或毒漆藤。

它們在人類心目中已經建立特別的地位，並且獲得回報。無論出現在哪裡，多半都受到人們欣賞。因此它們可以隨心所欲的入侵任一塊土地，幾乎不會遭到反抗。唯一要擔心的就只有水分和陽光。

加州罌粟藉由培養人類的善意，替我們上了寶貴的一課。如果事業是野草，加州罌粟告訴我們，**培養周遭人們的善意，會使我們更容易茁壯成長**。如果人們能站在我們這一邊，生活會輕鬆得多，而且財富也會成長。

你能想到有誰在商場上是百分百的野草，但也受到大眾喜愛？不妨反過來想想看：有誰是飢渴的野草，而且因為這樣被大眾討厭？說到既是百分百野草又深受讚賞的人，我立刻想到馬斯克。同時我也想到幾位億萬富翁，他們侵略性的事業戰略，以及太超過的成長，引起大家呼籲反壟斷行動。

當馬斯克和我們一起夢想殖民火星；打造更綠化、更永續的未來；或是幾分鐘之內橫越地球……所有人都被他迷住且深受啟發。有許多人呼籲科技巨頭必須解體，但從來沒有人想要 SpaceX 倒閉。

難道馬斯克已經找到方法，既能積極成長、支配市場，卻又讓我們聲援他的成功？我會說他找到了。他跟加州罌粟有許多共同點。

從我在本書開頭講的故事（蒲公英長在高速公路安全島的裂縫）到現在，我們已經走了很長一段路，還真是一場驚奇之旅。

我們都見識過野草最糟糕的一面，它布滿了後院、阻塞路邊和空地、長在我們不希望它們生長的地方；它們從裂縫中長出來，邋遢的模樣打擾了井然有序的世界。

但當我們更仔細觀察，會在一片混亂中看見秩序；乍看之下像廢物，仔細一看卻很出色。這是一個嶄新的世界，包含了策略、心態、規模、戰術、不平等優勢、力量乘數；這是一個嶄新的事業經營方法。

我們已經了解野草的本質，**它們的破壞方式並不是充滿戲劇性的發明，而是簡單粗暴的執行流程**。我們已經了解一段有效流程的真正本質，它淬鍊了數百萬年，也能在短時間內發揮適應力，面對新挑戰。我們也明白流程有多麼重要，它能記錄和分配專業知識，並且建立事業的價值。

野草沒有大腦，但有出色的心態讓它們百戰百勝。它們樂觀、堅持不懈、適應力強，兼具侵略性、急迫性和韌性，這讓它們天生就有破壞性，但當它們自己被破壞時也能靈活應變。侵略心態與防禦策略完美的結合在一起，凶猛的捍衛它們每一塊地盤。

野草做任何事情都必定帶有不平等優勢。我們可以學習它們怎麼結合與變化各種獨特的工具和特質，然後透過 W.E.E.D.S. 模型打造自己的力量乘數。我們已經審視過心態、策略和規模之間環環相扣的關係；甚至學會了怎麼像野草一樣破壞、談判與拓展規模。

我們現在也發現，想透過自立和一比一槓桿來擴大規模，簡直愚蠢至極，打造聯盟可以立即擴大規模；組一支專門、有才華、受過良好訓練的團隊，就能達成集體規模，這也是建立大型企業時最高階、最有效率的結構。我們見識到將力量乘數用在集體規模，會產生多大的力量。

除了了解野草在其領域成長、拓展、支配的機制。進一步延伸，我們也學到怎麼讓自己成為百分百野草。就像馬斯克、貝佐斯、皮肯斯、布蘭森爵士以及其他許多人。

我們的使命是採用野草的凶猛心態，從 W.E.E.D.S. 模型建立流程，並將它應用在集體規模。這就是我們像野草一樣成長事業的方式，也是我們成為百分百野草的方式。

先前已經談過如何用 W.E.E.D.S. 模型建立策略，專屬於你的事業和挑戰。你必須發展自己的種子、種莢、帶刺、分割、葉叢、藤蔓、生根、土壤策略。想當然耳，這些策略會因為事業的大小和結構，而有極大幅度的變化。

個人創業：先訓練可以幫你代班的人

大家在建立野草策略，思考該怎麼擴大規模時，應該會一直拍自己腦袋吧。個人創業有許多因素不利於擴大規模，有一部分原因是，他們不曉得自己不利於擴大規模。

所有權不會轉手，因為在大多數情況下，根本沒有真正的事業可以賣。沒有完整記錄下來的流程；生產、運作和計畫，所有事情都圍繞著業主打轉，沒有團隊可以協助執行。**受傷、住院、甚至度假都會威脅到事業的存續，因為沒有其他人能維持事務營運。**

然而，個人創業也有許多好理由：可以安排自己的時間、擁有多條收益流、追求夢想。建立規模和流程並不包含在清單中，但積極應用野草策略，就會讓你的看法大幅改變。

有許多地方需要你立即注意。如果你經營的是B2B生意，該怎麼成為客戶無法抗拒的力量乘數？你有扣人心弦的故事嗎？你有獨特的智慧財產嗎？好好安排你的帶刺策略（包括智慧財產保護和傳播要素），接著推動積極的藤蔓策略，躍向多通路規模。這樣就會立刻刺激你的成長，建立一群轉介者和策略夥伴，讓你的市占率變大許多。

接著就是下一個關鍵問題。如果想擴大規模，你就需要找人幫你經營事業。有必要的話，一開始先雇用虛擬助理，但請記住，你真的非常需要建立一個執行團隊，讓你可以把手上許多工作交給別人。

建立團隊時，先訓練那些可以幫你代班的人，讓你不在場時依舊能維持事業運作。最後你應該建立完整的團隊，可以在你不在場時完全運作，但當然，還是要由你來引導。

若想建立有效的團隊，就必須建立有紀錄的流程。請記住：流程是團隊蒐集並利用專業知識的方式，也是根除所有一比一槓桿的關鍵。身為個人創業家，只要你不再親自投入日常營運，你就會越來越明白自己以前有多麼缺乏槓桿作用，並且困在自立的矛盾中。

藉由運作 W.E.E.D.S. 模型，你將會累積力量乘數，這可以用在你的成長規模與影響範圍。最後，你就會想要躍向集體規模。若想辦到這件事，請繼續運作整個 W.E.E.D.S. 模型，並且想辦法服務更多客戶。這可能需要將原本高度專業、必須親自動手的流程給「產品化」，並且進入新的銷售通路來擴大銷售。

請特別留意，**建立流程、並且讓它能夠輕易共享，也是創造事業價值的關鍵所在**。如果你有打算要退場，最後一定要有一群忠實的客戶、一條運作中的收益流，以及一個能夠輕易轉手的事業。一個有紀錄、經過淬鍊且可訓練的流程非常重要。

中小企業要和客戶一起進入新市場

中小企業是一個廣大的群體。從夫妻經營的小店，到一年營業額五千萬美元的業界強權，都算在這個範圍內。這兩種事業儘管看起來天差地遠，卻都能因為野草策略而受益。

較小的事業，一開始應該按照我給個人創業的建議去做。你的使命依然是妥善準備，接著立刻躍向多通路規模。花店之類的零售業，可以與社區內的影響力中心結為轉介夥伴，藉此產生爆炸性成長。有些事業需要花卉才能經營，那你就成為它們的優先選擇。

B2B小事業只要按照上個段落的步驟來做，就可以做得很好。**人、流程、多通路規模，以及建立可轉換價值，是你最大的挑戰**。而且你也盡量別再親自處理生產工作了。

你跟個人創業一樣，應該要努力對抗一比一槓桿，並且壓抑想要親自處理每件事的念頭；這些東西最後都必須根除。

光譜另一端是營業額一千萬元到五千萬元的事業，它們已經達成了可觀的規模。不過，野草還是會問一樣的問題，就跟它們問個人創業和小事業業主一樣：你擁有尚未受保護的智慧財產嗎？你的公司經常被人提及嗎？公司的定位是執行積極的藤蔓策略嗎？

在這個層級，成長機會在於**和現有客戶一起培養更多事業**、**進入新市場**，或者利用科技達到事半功倍的效果。要走到這個地步，你必須有一支高凝聚力的團隊、像一片野草一樣行動。必須採用野草心態，並使用 W.E.E.D.S. 模型，在每個層級都產生壓倒性的力量乘數。

身為野草，我們總是在尋找不平等優勢，而且無論事業大小，我們都必須成為客戶的力量乘數。這樣會使我們無可取代，並確保連續性。至於較大的事業，很值得考慮一下與小事業結盟。我們當然會想跟最大的公司合作，但也有些小型公司可以幫你建立無可匹敵的優勢。

最後，考慮雇用某人來擔任全新的職位：野草策略長。他的職責是確保全體員工都訓練成「野草密探」，培養源源不絕的不平等優勢，並且透過流程發展與資產管理來創造價值。或者任命一個內部委員會，讓成員們分別負責心態、八大策略之一。

新創公司的種子策略，起跑前就要準備好

在所有事業形式當中，新創公司的成長定位最獨特。每件事都是快動作；所有權轉手的速度很快，資金消耗、融資、運作、擴大規模等壓力也很大。所有事情必須一次到位，而且失敗的機率超高。

準備工作顯然是新創公司起跑前的關鍵因素。野草策略的每個層級都應該設想周到。**我把新創公司想成本書中介紹的一年生野草**。糙果莧在野草界應該是一家很棒的新創公司，每株能撒出近五百萬顆種子；加拿大蓬也不遑多讓，它的種

子可以隨風飄散到二十五萬平方英里的範圍。

種子能夠在目標市場產生意識和購買意願；如果新創公司還在創辦人和天使投資人手上的短時間內，就能產生那樣的影響力，那就有很大的機會成功。或許就像 Airbnb、Uber 或 Zoom。

而這就是重點所在。所有事業形式當中，新創公司一定要確實的成長、拓展、支配與防守它們的地盤，否則它們就死定了。就像去年的一年生植物。

明智的做法是**指派一位團隊成員，負責所有野草策略的腦力激盪與執行**。因為這是一家新創公司，所以省掉野草策略長這個職位也沒關係（說不定省掉還比較好）。你會知道這套邏輯，而且所有人都會樂在其中，為你的故事帶來一點娛樂因素。

重點在於，你**在開跑之前應該確定所有要素**。如果投資人問你：「你的種子策略是什麼？」你應該有一個準備好的答案。種莢、帶刺、分割、葉叢、藤蔓、生根、土壤策略也是如此。**你應該要能夠講出一大堆不平等優勢和力量乘數**，而你會用它們來大幅拓展事業的規模。

上市公司：小公司能幫你擴大規模

每家大公司都有成長空間。蘋果是世界上最大的公司之一，而它持續透過創新來成長，進而建立新的產品類別與市場；馬斯克的 SpaceX 持續挑戰極限；亞馬遜用新產品和服務打進新市場，並總是領先業界的推動創新。

雖然上市公司已經達成集體規模，但依舊適用同樣的野草策略：你應該對 W.E.E.D.S. 模型的每個層級都有完整的詮釋，才能不斷產生新的力量乘數。**全體員工都應該接受訓練，以野草心態來作業**。你應該不斷鼓勵大家尋找新的優勢以贏過競爭者。

無論是將野草策略運用**在競爭激烈的市場、還是建立新的地盤，你都應該抱著非常急迫的心態**去做。參考野草的做法，想辦法產生更高效率。

野草很會傳播。你的銷售力道有像野草一樣擴散到每個目標客戶嗎？驅動事業的流程有淬鍊到完美，並且灌輸到每個員工嗎？有沒有剛被破壞過的領域可以拓展進去？有沒有潛在的破壞性技術，已經存在於事業中？

雖然公司已經達到集體規模，但總是有空間可以成長與改進。也請記得，集體規模並不會妨礙多通路規模。你應該不斷尋求夥伴關係，發現新的力量乘數和不平等優勢。基於公司的大小，只跟其他大公司結盟並不明智。

亞馬遜藉由聯盟與店面平臺，非常有效的與小公司結盟，再運用數以千計的新人際關係，拓展觸及與潛在顧客。你可能會找到一些**小公司，握有超適合你的技術或智慧財產，可以用來擴大規模**，產生新的力量乘數。

就跟比較大的中小企業一樣，你必須雇用或指派新的經理人，負責管理野草心態，以及W.E.E.D.S.模型的八層級策略，並且達到新的規模。因此，我們應該要有一位野草策略長，或是種子、種莢、帶刺策略長之類的。要不然，就任命一個野草策略委員會，以野草成長的觀點來管理公司。

加盟連鎖：野草的終極形式

好酒沉甕底，從野草的角度來看，加盟連鎖或許是事業的終極形式。創業家**只要投入等同於一家小公司的資本，就能立刻走進集體規模**。它已經有一個經過淬鍊的活躍流程，也已經有可轉換的價值可以隨時轉賣。

它已經建立好了，並且持續由領域內的頂尖專家來引導。它已經有一個同儕創業家組成的人脈，偶爾分享事業，並且隨時準備可以助人一臂之力，為所有成員的事業成長流程增加新的專業知識。它也有很大的成長空間，只要收購更多加盟店面就好。

假如有事業結構看起來和動起來，能像我們草坪上的蒲公英，那它就是加盟連鎖。加盟主就跟蒲公英一樣，永遠不必單打獨鬥，他們一直都是某個更大集團的一部分；這個集團一直都是他們的靠山。結構、組織以及集體專業知識能夠確保成功。

不過，加盟連鎖當然也能藉由灌輸野草策略而受益。**加盟總部應該組成一個加盟主委員會**，生產並實行 W.E.E.D.S. 模型的策略。就跟之前的建議一樣，每個成員應該要分別負責策略八層級之一、野草心態，或者像野草一樣拓展加盟連鎖的規模。

委員會應該定期開會，持續培養新的不平等優勢和力量成數，讓所有成員受益。野草心態訓練應該成為到職適應期的必備流程，無論是加盟主還是每個店面的員工。這項訓練應該是加盟連鎖不可或缺的文化要素。

加盟總部應與委員會追蹤狀況，評估並實行野草策略的建議。委員會與總部的工作應該與加盟主分享，強化他們野草般的執行力，並納入建議。

新創公司和加盟連鎖最像本書中介紹的野草，卻是光譜的兩端。快速周轉給新投資人的新創公司，經營方式就像一年生植物一樣，所有權的生命週期很短，卻讓所有利害關係人的價值最大化。

加盟連鎖比較像多年生植物。他們營運並不是為了賣出所有權，但他們急於創造價值。而無論是新創公司還是加盟連鎖，事業目標都是像野草一樣成長。

讓野草為你效力

就是這樣。野草的勝利之道，就是將它們凶猛的心態與獨特的力量乘數用在集體規模上。它們的勝利之道，就是將這一切提煉成強力的流程，並內建在DNA之中。它們不需要訓練，就只是團結行動，並強力執行流程。

每株野草都不一樣，而我們透過它們的變化，看見了 W.E.E.D.S. 模型表現方式的無限可能性。有些是一年生植物，一個生長季就加速過完一輩子；有些是多年生植物，用時間建立持久的基礎建設，幫助它們茁壯與傳播。

有些野草無論成長、生根，還是生產與散播種子都非常有侵略性。而有些野草（例如加州罌粟）就比較悠閒，幾乎像是更在乎藝術創作而不是積極成長。不過它們還是征服了大片領地。

野草已經為我們示範，**個人創業永遠無法拓展規模**，直到他們把「個人」兩個字去掉，不再抱持單打獨鬥的心態。中小企業能夠運用野草策略，以及任命野草策略委員會或野草策略長，迅速擴大規模。

新創公司的定義就是必須像野草一樣成長。這是它們唯一的真正使命。將野草策略納入事業計畫中，並且雇用一位野草策略長，會使它們獲益良多。

上市公司也能藉由應用野草策略而受益。它們能夠變得更像野草、更加靈活，並利用自身規模來開發新市場，同時完全滲透目前的領域。加盟連鎖已經完美仿效了野草；持續應用野草策略能夠強化不平等優勢，並鞏固勝利。

商業媒體以及社群媒體上幾乎每一個人，都很喜歡丟出一些命令式的祈使句，作為成長和成功的「關鍵」。他們告訴我們：「做這三件事，你的事業就會變成兩倍大！」接著他們會隨便丟出三句話：堅持不懈；建立你的團隊；跟你的顧客對話。

但現在野草已經給我們一個框架，既有凝聚力又完整，而且超級強大。我們可以立刻看見這些要素適用於哪些地方。有許多成長大師和專家告訴我們，他們擁有能夠讓一切事務成功運作的關鍵，但我只相信野草。因為這件事它們已經做很久了，而且達到完美的境界。

成長不只是賣出更多東西，它不只是更加堅持不懈；**它是將凶猛的心態與力量乘數用於集體規模，並且讓所有人參與其中**。

使用野草策略框架（或其他框架）可能會令你感覺綁手綁腳，但它也能培養創意。我們見識過野草在這方面的驚人表現。它們全都遵循同樣基本的計畫，但採取的途徑卻如此不同。

或許當你下次看見野草時，你會花時間反省自己，看看它在做什麼，而且想知道它怎麼辦到的。事實上，我正在靠它吃飯；這是我種子策略的一部分。從現在開始，我要依賴世界各地冒出來的野草，把它們當成屬於我的迷因，讓大家買這本書。你家院子裡的野草，現在正在為我效力。讓它們也為你效力吧！

野草攻勢

- 個人創業應用野草策略時，應該努力讓別人參與他們的事業，設計流程，並且不再親自從事生產工作。
- 中小企業的挑戰，是逐漸朝完全的集體規模發展——拓寬人脈和通路，消除與顧客之間的摩擦。
- 新創公司活在高度成長、所有權轉手速度極快的世界。它們必須快速成長，否則就會失敗。它們可以雇用野草策略長籌劃成長，並將它維持在正軌上。
- 上市公司仍有許多成長空間。它們應該任命種子、種莢、帶刺、分割、葉叢、藤蔓、生根、土壤策略長——一整組野草策略長，讓成長、創新與破壞極大化。
- 加盟連鎖已經是所有事業形式中最像野草的，因為每個人都是從集體規模開始。它們應該任命野草策略委員會，確保事業貫徹本書的野草成長公式。

野草戰略應用指南

野草的勝利之道，在於將凶猛的心態和力量乘數用於集體規模，接著將它簡化成凶猛而活躍的流程，而且百分之百的接受它。在接下來的作業中，我們將會更深入了解野草心態和八大策略，以及它們對於「像野草一樣拓展規模」的意義；我們要將它們應用於現實世界的狀況。

你不應該把它們當成無聊的作業，它們是在探索新的研究領域，以及新的組織內部責任。每個事業都是為了成長而存在，而野草策略長必須全副武裝才能辦到這件事。

完成每一項作業時，思考一下你該怎麼籌劃野草策略的任務——無論你是業主，還是公司新上任的高階主管。是否該有一位經理人，或者一整群種子、種莢、帶刺、分割、葉叢、藤蔓、生根、土壤策略長？這項職責該由誰來管理？高階主管、臨時委員會，或是其他方式？

或者，野草策略的四大支柱（心態、力量乘數、集體規模、流程）應該怎麼融入組織內的典型職責？

八大策略分析

對亞馬遜、特斯拉、SpaceX、微軟、Uber 進行分析。思考它們的野草策略，並且以一到十分（一分最差、十分最好）來替它們排名以下十個類別：種子策略、種莢策略、帶刺策略、分割策略、葉叢策略、藤蔓策略、生根策略、土壤策略、規模、商業永續性。

基於積分排名，打出「W.E.E.D.S. 總分」（十個類別的滿分都是十分，因此總分會落在零到一百之間）。哪一間公司最好或最差？為什麼？請試著比較各類別的分數。

擬定 W.E.E.D.S. 計畫

虛構一家公司，為它的成長擬定野草策略計畫；它應該包括 W.E.E.D.S. 模型八個層級的策略，並替這個事業歸類（例如個人創業、中小企業、新創公司、上市公司、加盟連鎖），接著準備討論你的計畫如何因應不同的類型而改變。

如果這是團隊作業，成員應該選擇自己負責的範圍（種子策略長或葉叢策略長）。準備討論你的選擇和邏輯。那一種事業形式最適合利用野草策略？每一種事業類型該怎麼透過野草策略讓成長極大化？

百分百野草大獎

設立一個新獎項。「百分百野草大獎」（Total Weed Award）每年會頒給野草式成長、策略、韌性的商界最佳模範。誰應該贏得第一屆大獎？為什麼？

你做生意時會怎麼運用野草策略？

解釋野草策略中你最喜歡的五個重點。你會怎麼將它們運用在自己的事業，或是代表雇主來運用它們？接下來解釋你能受命擔任野草策略長的原因。

野草策略會怎麼改變商場？

推測一下野草策略會怎麼改變世人做生意，與運用成長策略的方式。準備發表你的想法，並討論你的選擇與邏輯。

你剛受命擔任公司的野草策略長，接下來呢？

描述你的公司與其市場定位，以及你的工作內容。身為野草策略長，你為公司設立的目標是什麼？公司會怎麼因為你的職位而改變？

假如你把這本書當成輔助讀物，而且想要將作者納入你的計畫，歡迎跟海內克先生預約時間，他會在 Zoom 上替你上一堂課。其他更多資訊請上 stuheinecke.com。

野草已經給我們新的框架，理解成長的本質。或許它們也開了許多全新的主管職缺。你會成為新世代的野草策略長嗎？

與我聯繫吧

雖然你已經讀完這本書，但我們的連結不必在這裡就結束。請造訪我的網站 stuheinecke.com，那裡放了兩個塞不進本書的章節。你也可以用這個網站邀請我演講，或擔任野草策略顧問。如果你是媒體從業人員，你會找到許多野草的美麗照片，報導這本書時可以取用。

野草策略是一門新的研究領域和專業知識，可以運用在自己的事業。你可以更進一步磨練知識，方法包括參加我的「野草心態訓練營」（Weed Mindset Bootcamp），或是取得 W.E.E.D.S. 認證，為擔任野草策略長做準備，或者提供官方授權的野草策略顧問服務。更多報名資訊請上 weedstrategy.com。

請注意，「野草策略」、「W.E.E.D.S. 模型」、「野草心態」都有註冊商標和專利。如果沒有我的涉入、參與或許可，其他人就不能使用它們。但假如你取得 W.E.E.D.S. 認證，你就有資格加入「野草策略網」（Weed Strategy Network）。

身為眾多顧問與專家的其中一員，你將能夠享受集體規模，在野草策略以及合法證照的保護之下，接受其他成員授權，合作與共享派遣工作。你將會受邀加入認證流程。更多資訊同樣請上 weedstrategy.com。

我寫這本書時一直在想：「應該每年頒一座『百分百野草獎』給最像野草的人，他具備野草般的大膽、成長和韌性。」於是我真的辦了。請造訪 totalweed.org 取得最新資訊，提名一位候選人或投票。

我也有經營《如何與任何人見到面》的線上課程，你可以學到怎麼利用聯繫行銷產生關鍵聯繫，幫助你成長自己的事業。在為期六週的課程中，每位學生會創造、製作並測試他們自己的聯繫活動，再藉由受贊助的聯繫行銷測試解決方案來進一步強化。請上 howtogetameeting.com 參考更多資訊或報名。

最後，在社群媒體上聯繫我吧。我在 LinkedIn、臉書、YouTube 都有發文。只要搜尋我的名字就好，請提醒我你剛讀完這本書。我很期待你的心得。

喔，我再講一件事就好。假如你喜歡這本書，或者它影響了你或你的事業，可以幫我在你買這本書的地方留下高評價嗎？

希望以後我們有機會親自見面。我會跟其他所有百分百野草相處愉快。

致謝

很久以前我就想寫這本書，那時我正開車行駛在聖塔莫尼卡高速公路上。但直到我訪問了臉書好友──「紳士園藝家」比爾・達文（Bill Davin），這項企劃才算認真開跑。後來我飛到達拉斯，去見一位惡名昭彰的億萬富翁石油王：「公司襲擊者」皮肯斯。

這兩人南轅北轍，卻都非常適合這本書。我想要將兩個截然不同領域（園藝與商業）的觀點連結在一起，發掘隱藏在表象之下的洞見。野草如何凶猛成長？我們如何運用它們的方法來成長事業？

這個問題的答案來自各行各業的人才：商業專家與名人、CIA長官、四星上將、野草科學家、超級模特兒、奧運教練、哈林籃球隊球員、倫敦邱園皇家植物園。真是一場驚奇的發現之旅。

我深深感謝皮肯斯、凱西、裴卓斯將軍、麥卡夫瑞將軍、菲斯克、山莫斯、馬爾西科、戴森、洛克海德、梅迪納、費拉拉、門德斯，以及「帶刺天王」梅爾沃德博士。

感謝迪托馬索、西克馬、史旺頓博士、麥特・馬圖斯（Matt Mattus）、莫琳・墨菲（Maureen Murphy）、達文，指導我關於植物與野草科學的知識，以及倫敦邱園皇家植物園的朱珮（Pei Chu），提供每章開頭的古典植物插圖。

感謝我的超級聯繫人——希恩、羅德里克、魯特科夫斯基、布蘭登・亞當斯（Brandon Adams），他們讓這本書的範圍更廣、充滿個性。

感謝商業專家——奧利、瓦特金斯、愛麗絲、艾美・沃克（Amy Walker）、布林、安格斯、伊安納里諾、史考特、羅傑斯、舒莉、奧托拉諾、柯特・庫西諾（Curt Cuscino）、茲維津斯基、馬泰爾、丹・莫納漢（Dan Monaughan）、瓦爾德施密特。

也感謝韋斯特、布里爾、西格爾、伯德特、葛雷格・沃利克（Gregg Wallick）、瑞特諾、赫伯特、帕默、科薩科夫斯基、珍妮・華納（Janine Warner）、金、傑佛瑞・麥道夫（Jeffrey Madoff）、傑瑞・蒂默曼（Jerry Timmermann）、迪奇、帕克、喬・高爾文（Joe Galvin）、肖伯、史坦麥爾。

感謝布赫霍爾茲、朱莉・佩戈拉（Julie Pergola）、安德森、史威特曼、霍格蘭—史密斯、瑪麗蓮、亨特、帕蒂、溫伯格、勞瑞、尼可拉斯・塞德拉（Nicholás Cedeira）、哈里森、霍斯特、沃爾夫、班尼特、威斯涅斯基、布拉利、華生、桑格倫、蘇妮博士。

感謝佩尼克、庫馬爾、魯德林格、安尼瑪、施泰納、提姆・米納特（Tim Minert）。感謝科爾辛既親切又敏銳的序言，為本書錦上添花。特別感謝我的太太夏綠蒂（Charlotte），過去五年來一直支持我這個企劃。沒有妳，我就無法辦到。

國家圖書館出版品預行編目（CIP）資料

野草攻勢：以小欺大、蠶食市場，野草模式經過億萬年考驗，是最簡單的奪利與成長方式。／史杜．海內克（Stu Heinecke）著；廖桓偉譯.-- 初版.--臺北市：大是文化有限公司，2023.07
384面；14.8×21公分
譯自：How to Grow Your Business Like a Weed: A Complete Strategy for Unstoppable Growth

ISBN 978-626-7251-85-0（平裝）

1. CST：企業策略　2. CST：企業經營　3. CST：企業管理

494.1　　112004287

Biz 429

野草攻勢

以小欺大、蠶食市場，野草模式經過億萬年考驗，是最簡單的奪利與成長方式。

作　　者／史杜．海內克（Stu Heinecke）
譯　　者／廖桓偉
責任編輯／張祐唐
校對編輯／宋方儀
美術編輯／林彥君
副總編輯／顏惠君
總 編 輯／吳依瑋
發 行 人／徐仲秋
會計助理／李秀娟
會　　計／許鳳雪
版權主任／劉宗德
版權經理／郝麗珍
行銷企劃／徐千晴
行銷業務／李秀蕙
業務專員／馬絮盈、留婉茹
業務經理／林裕安
總 經 理／陳絜吾

出 版 者／大是文化有限公司
臺北市 100 衡陽路7號8樓
編輯部電話：（02）23757911
購書相關諮詢請洽：（02）23757911 分機122
24小時讀者服務傳真：（02）23756999
讀者服務E-mail：dscsms28@gmail.com
郵政劃撥帳號：19983366　　戶名：大是文化有限公司
法律顧問／永然聯合法律事務所
香港發行／豐達出版發行有限公司Rich Publishing & Distribution Ltd
香港柴灣永泰道70號柴灣工業城第2期1805室
Unit 1805, Ph.2, Chai Wan Ind City, 70 Wing Tai Rd, Chai Wan, Hong Kong
Tel：2172-6513　Fax：2172-4355　E-mail：cary@subseasy.com.hk

封面設計／林雯瑛
內頁排版／陳相蓉
印　　刷／鴻霖印刷傳媒股份有限公司
出版日期／2023年7月初版
定　　價／460元（缺頁或裝訂錯誤的書，請寄回更換）
I S B N／978-626-7251-85-0
電子書I S B N／9786267328057（PDF）
9786267328064（EPUB）
Printed in Taiwan
